Die Taxation

der

Privat- und Gemeinde-Forsten

nach dem Flächen-Fachwerk.

Von

W. Weise,

Forstrath und ord. Professor am Polytechnikum zu Karlsruhe i. B.

Berlin, 1883.

Verlag von Julius Springer

Monbijouplatz 3.

ISBN-13:978-3-642-90561-2 e-ISBN-13:978-3-642-92418-7
DOI: 10.1007/978-3-642-92418-7

Softcover reprint of the hardcover 1st edition 1883

Dem Director der Kgl. Forst-Akademie zu Eberswalde

Herrn Oberforstmeister Dr. jur. Danckelmann

in aufrichtiger Hochachtung

und

dankbarer Erinnerung an die im Verbande des Lehrer-Collegii verlebte Zeit

gewidmet

vom

Verfasser.

Vorwort.

Im Jahre 1882 war auf Veranlassung des Herrn Oberforstmeisters von Waldow zu Frankfurt a. O. das Thema auf die Tages-Ordnung des Märkischen Forst-Vereins gesetzt: „Welche Anforderungen sind an eine gute Betriebseinrichtung für Privatforsten bezüglich der Sicherung der Nachhaltigkeit zu stellen?“

Es war mein Wunsch, mich an den Verhandlungen darüber zu betheiligen und begann ich daher den Stoff zu bearbeiten. Er wuchs mir jedoch unter den Händen derartig, daß ich die Unmöglichkeit einsah, mit meinen Ideen durch einen Vortrag auf der betr. Versammlung durchzudringen. Gleichzeitig war aber auch das Interesse an der Sache so gewachsen, daß sie mir nicht mehr aus dem Sinn wollte, und so ist dann die vorliegende Schrift entstanden.

Der Gedanke, welcher als Grundlage des ganzen Systems anzusehen ist, liegt in der Trennung der Wirthschaft nach der rein forstlichen und financiellen Seite.

Für die technische Wirthschaft wird das System des reinsten Flächenfachwerks angenommen. Wir haben uns dann mit der Thatsache abzufinden, daß die jährlichen Materialerträge ungleich werden und die Jahreseinnahmen schwanken.

An dieser Stelle ausgleichend einzutreten, ist Sache der Geldwirthschaft. Sie hat den Zweck, die ungleichen Einnahmen in möglichst gleichmäßig fließende Renten zu verwandeln. Um das zu erreichen, stehen zwei Hülfsmittel zu Gebote. Das erste liegt darin, daß nicht die Jahreseinnahme als fällig erklärt wird, sondern daß eine Rente berechnet wird nach Maßgabe der normalen Flächennutzung und dem Durchschnitt der für die Flächeneinheit in den letzten Jahren erzielten Einnahmen.

Diese Rechnung nach dem Durchschnitt ist an und für sich bereits im Stande, sehr viel auszugleichen.

Das zweite Mittel besteht in der Bildung eines Reservefonds, der in guten Jahren die Ueberschüsse aufnimmt, in schlechten die Ausfälle deckt und die Garantie für den möglichst gleichmäßigen Bezug der Rente giebt.

Die Trennung der Wald- und Geldwirthschaft läßt durch die Verwendbarkeit des reinen Flächenfachwerks die, glaube ich, einfachste Betriebseinrichtung zu und gewährt damit für die hier in Betracht kommenden Waldungen ganz wesentliche Vortheile.

Das System ist, wie der Titel besagt, für Privat- und Communalwaldungen aufgestellt und soll, wie es jetzt vorliegt, nicht auf Staatswaldungen angewendet werden.

Der Grund dafür liegt darin, daß die Staatswaldungen eingereiht sind einem Haushalte, dem zur Ausgleichung von Schwankungen in den Einnahmen sehr viele Hülfsmittel zu Gebote stehen, namentlich ein fester Credit. Außerdem bilden die Einnahmen der Forsten vielfach nur einen geringen Theil von der gesammten Einnahme, so daß in der Staatswirthschaft auf das Gleichmäßige der Rente weniger Bedacht genommen werden kann, als das bei den Privat- und Communalwaldungen der Fall ist.

Das System, wie es vorliegt, ist anwendbar für alle diejenigen Betriebsarten, die den flächenweisen Kahlabtrieb auf ihr Programm setzen. Daß es mit geringen Abänderungen auch weitergehend benutzt werden kann, davon bin ich fest überzeugt und ich hätte gern auch die Wege auseinandergesetzt, die dazu führen. Der Grund dafür, daß es unterblieb, lag in persönlichen Verhältnissen. Mit meiner Berufung nach Karlsruhe trete ich nämlich der Lehre von der Waldertragsregelung ferner als bisher; sie gehört nicht zu den Gegenständen, die ich dort vorzutragen habe. Der Kreis der Vorlesungen, die ich übernommen habe, ist immerhin so groß, daß ich wahrscheinlich für viele Jahre mich nur mit Fragen aus deren Gebiet beschäftigen kann. Wollte ich die Veröffentlichung des Gedankens nicht auf sehr fernliegende Zeit verschieben, so mußte ich hier in Eberswalde noch abschließen und den Stoff beschränken.

Es sei dann noch erwähnt, daß die preußischen Verhältnisse und namentlich das Gesetz vom 14. August 1876, betr. die Verwaltung der den Gemeinden und öffentlichen Anstalten gehörigen Holzungen in den Provinzen Preußen, Brandenburg, Pommern, Posen, Schlesien, Sachsen, besonders berücksichtigt sind. Es ist deshalb auch das Gesetz, sowie die dazu erlassene Ausführungs-Instruction im Anhange abgedruckt.

Eberswalde, im September 1883.

Weise.

Inhalt.

Einleitung.

§ 1.

Seitdem der Oberlandforstmeister von Hagen in seinem Werke: „Die forstlichen Verhältnisse Preußens“ das Wort aussprach, daß die Gesetzgebung zu Anfang unseres Jahrhunderts für den Wald verhängnißvoll wurde, indem sie den Unterschied zwischen Feld- und Waldwirthschaft übersah, ist manches zur Abstellung der Uebelstände geschehen; manches Gesetz ist erlassen, was bestimmt war, die aus den früheren Grundsätzen entstandenen Schäden zu repariren. Anerkannt ist dadurch von Hagen's weiterer, viel citirter, nun Allgemeingut gewordener Satz: „Der Wald ist ein von der Vorzeit überkommenes Fideicommiß, dessen Werth nicht allein in den unmittelbaren Erträgen an Holz, sondern wesentlich auch in dem Nutzen besteht, den er mittelbar durch seinen Einfluß auf Klima, Witterung, Schutz, Bodenerhaltung der Landeskultur bringt. Der Wald hat Bedeutung nicht für die Gegenwart allein und nicht für den Eigenthümer allein, er hat Bedeutung auch für die Zukunft und für die Gesammtheit der Bevölkerung. Das ist eine Wahrheit, die sich nicht bestreiten läßt, die aber täglich von der Indolenz und dem Eigennutze ignorirt wird. Gegen beide einzuschreiten, wenn sie gemeingefährlich werden, und das sind sie leider bereits in hohem Maße geworden, ist Pflicht der Gesetzgebung. Nicht die Verminderung der Holzproduction, nicht die Erschwerung der Befriedigung des Holzbedürfnisses, nicht die Steigerung der Holzpreise, nicht die Furcht vor Holzmangel können den Staat berechtigen, in die Freiheit des Waldbesitzes und der Wirthschaft einzugreifen. Wohl aber verpflichten ihn dazu die Nachtheile, welche aus der Vernichtung der Wälder in gewissen Lagen für die Wohlfahrt und Existenz einzelner Gegenden oder Orte und ihrer Bewohner erwachsen."

Hat auch das Preußische Gesetz, betreffend Schutzwaldungen und Waldgenossenschaften vom 6. Juli 1875, nicht das Ziel getroffen, so bleibt der Werth desselben doch darin bestehen, daß der Begriff des Schutzwaldes in die Gesetzgebung eingeführt ist. Täuschen nicht alle Zeichen, so wird sehr wahrscheinlich bald eine Verbesserung einiger nicht als praktisch bewiesener Sätze und Bestimmungen eintreten, namentlich wird wohl die Zwangsenteignung zu Hülfe gerufen werden — nie aber wird man ohne Ersatz das Gesetz beseitigen. Der Gedanke, den es vertritt, wird neu aus der Asche erstehen.

Das Waldschutzgesetz ist gescheitert, weil namentlich die Bestimmungen des § 5 in der Praxis nicht durchführbar waren. Daselbst heißt es: In Bezug auf die Kosten der Herstellung und Unterhaltung der angeordneten Schutzanlagen, sowie die nach § 4 zu leistende Entschädigung, treten in Ermangelung anderweitiger Vereinbarung folgende Bestimmungen in Kraft: Die Pflicht der Entschädigung und die Aufbringung der Kosten für Herstellung und Unterhaltung der angeordneten Waldkulturen und sonstigen Schutzanlagen liegt dem Antragsteller ob.

Es haben jedoch dazu in näher bezeichneten Fällen die Eigenthümer der gefährdeten Grundstücke, Gebäude, Wasserläufe oder öffentlichen Anlagen nach Verhältniß und bis zur Werthshöhe des abzuwendenden Schadens beizutragen.

Ein Antrag auf Vornahme der Arbeiten kann aber nur gestellt werden, wenn der abzuwendende Schaden den aus der Einschränkung für den Eigenthümer entstehenden Schaden beträchtlich überwiegt.

Wer mochte unter solchen Verhältnissen den Antrag stellen, wer durfte hoffen, eine nicht anfechtbare oder als richtig hingenommene Berechnung des Schadens zu liefern? Niemand wird gegebenen Falls in Abrede stellen, daß Schaden durch Flugsand, durch Abschwemmung geschieht, aber er vermag deshalb doch nicht bestimmt zu sagen, wie weit derselbe geht. Das gehört aber nicht allein dazu, um den Apparat des Gesetzes in Gang zu bringen, es muß der Schaden und seine Größe geradezu bewiesen werden, um widerhaarige Adjacenten zum Beitrage zwingen zu können.

Da fehlt es!

§ 2.

Andere den Wald betreffende neuere Gesetze haben mehr geleistet, ja außerordentlich heilsam gewirkt. Dahin rechne ich namentlich das Gesetz vom 14. August 1876 betr. die Verwaltung der den Gemeinden und öffentlichen Anstalten gehörigen Holzungen in den Provinzen Preußen, Brandenburg, Pommern, Posen, Schlesien und Sachsen.

Nach Maßgabe dieses Gesetzes unterliegt der Oberaufsicht des Staates die Verwaltung der Holzungen der Gemeinden, Kirchen, Pfarren, Küstereien, sonstigen geistlichen Institute, öffentlichen Schulen, höheren Unterrichts- und Erziehungsanstalten, frommen und milden Stiftungen und Wohlthätigkeits-Anstalten, soweit sie sich nicht in staatlicher Verwaltung befinden.

Für diese Waldungen fordert das Gesetz in § 2 kurzweg, daß die Benutzung sich innerhalb der Grenzen der Nachhaltigkeit bewegen muß.

Die jeweiligen Mitglieder oder Vertreter der Gemeinden, Corporationen und juristischen Personen haben nur den Nießbrauch, also nur ein Anrecht auf die Früchte des in Wald bestehenden Vermögens, die Substanz aber, und zwar sowohl das Boden- als das Materialcapital müssen unversehrt der Zukunft überliefert werden. Aus diesen Sätzen rechtfertigen die Motive die Forderung der Nachhaltigkeit.*)

Leider ist nun aber der Begriff der Nachhaltigkeit ein so dehnbarer, so verschieden aufgefaßter und aufzufassender, daß er, wenn auch nicht zu einer Klippe, an der die Ausführung des Gesetzes scheitern wird, so doch zur Quelle tiefgehender Streitigkeiten werden kann. Er kann die Veranlassung werden zu Unzufriedenheiten, zu Beschwerden, unnützer Arbeit, mit einem Worte zu einem Steine des Anstoßes.

Und gerade da wird diese Gefahr recht klar hervortreten, wo mit allem Ernste und aller Gewissenhaftigkeit die Verhältnisse von Partei und Gegenpartei erwogen werden, wo also eigentlich am ersten Frieden herrschen sollte.

---

*) Jahrbuch der Preußischen Forst- und Jagdgesetzgebung und Verwaltung IX. p. 305.

§ 3.

Sehen wir die Verhandlungen im Landtage durch, so taucht überall wie ein neckender Kobold der nicht definirte Begriff der Nachhaltigkeit auf. Er ängstigt bereits die Motive. Sie gestehen uns zunächst, was Nachhaltigkeit nicht einschließt: Sie ist nicht gleichbedeutend mit völliger Gleichmäßigkeit der Jahresnutzungen. Das Adjectivum „völlig“ deutet wieder an, daß doch zwischen Nachhaltigkeit und Gleichmäßigkeit der Nutzungen ein Zusammenhang besteht und vor unserer Seele steigen unwillkürlich die Collegien-Reminiscenzen vom strengen und strengsten Nachhaltbetriebe auf. Leise klingt auch der Berichterstatter bei den Verhandlungen darauf an.

Nachhaltigkeit bedingt eine solche Wirthschaftsführung, heißt es dann weiter in den Motiven, daß Nutzungen und Zuwachs sich das Gleichgewicht halten und daß Handlungen, welche das Productionsvermögen des Waldes schmälern würden, vermieden werden.

Auch dieser Passus erhält dann noch, da er in solcher Form das Wesen der Sache nicht klar stellt, eine dahin gehende Erläuterung: der Grundsatz hindert daher nicht die rechtzeitige Verjüngung hiebsreifer Bestände bei übermäßigem Vorrathe haubaren Holzes oder Maßregeln zur Erhöhung der Bodenproduction, wo unvollkommene Bestockung, unpassende Holz- und Betriebsart oder sonstige Verhältnisse dazu auffordern.

Endlich folgt dann eine Definition des Begriffes der Nachhaltigkeit für Holzungen, die für eine periodische Schlagwirthschaft zu klein sind. Nachhaltigkeit bedeutet danach: daß der Grund und Boden und der Holzbestand pfleglich behandelt werden sollen, bis der Abtrieb in nutzbarem Zustande erfolgen kann, ferner, daß dem Abtriebe die ordnungsmäßige Verjüngung folgt.

Der Bericht, welcher im Herrenhause den Verhandlungen zu Grunde lag, umgeht den heiklen Punkt mit der Bemerkung: der Begriff der Nachhaltigkeit ist forsttechnischer Natur. Wenn derselbe auch ein dehnbarer ist, und von den Forsttechnikern in verschiedenem Sinne angewendet wird, so ist derselbe doch festzuhalten. Er ist ja erklärt dadurch, daß die Nutzung aus dem Walde und der darin erfolgende Zuwachs im Gleichgewicht bleiben müssen.

Im Abgeordnetenhause war es der Abgeordnete v. d. Reck (Oberforstmeister), der sich gegen die Fassung des Paragraphen wendete.

Er hob hervor, wie man den Begriff nur derartig verstehen könne, „daß der Abnutzungssatz für die Waldungen so festgesetzt werden soll, daß der im Betriebsplane für das eine Jahr ausgeworfene Ertrag auch dauernd genutzt werden kann."

Streng nach der Nachhaltigkeit zu wirthschaften sei unter Umständen ein großer Fehler. v. d. Reck giebt ein Beispiel, in dem der Abnutzungssatz nach dem Durchschnittszuwachs bemessen, der vorhandene Vorrath aber sehr groß ist. Zuwachs und Nutzung sind nun zwar im Gleichgewicht, die Nutzung ist nachhaltig, dennoch aber das Ganze unwirthschaftlich.

v. d. Reck hofft, daß die Instruction die Mängel beseitigen werde. Der Grundsatz des § 2 bestimmt ihn aber, im Allgemeinen gegen das Gesetz zu votiren.

Damit waren die letzten Bedenken, die gegen den Paragraphen überhaupt auftauchten, ausgesprochen, und der Grundsatz wurde demnächst ohne weitere Feststellung dessen, was er einschließt, Gesetz.

Hierdurch hat die Verwaltung den Vortheil erlangt, daß sie einigermaßen freie Hand bezüglich des Entwurfes der Instruction erhielt und sie hat von dieser Freiheit einen so discreten Gebrauch gemacht, daß wohl alle Theile zufrieden gestellt sein können.

§ 4.

Lag nach dem Wortlaute des Gesetzes recht wohl die Möglichkeit vor, daran zu zweifeln, ob der aussetzende Betrieb ein nachhaltiger sei, so sagt die Instruction bestimmt, daß beim aussetzenden Betriebe Nachhaltigkeit dann vorliege, wenn für die Wiederverjüngung der in angemessenem Alter abgetriebenen Bestände genügend gesorgt ist.*)

Die Entscheidung darüber, bei welcher Größe des Waldes der aussetzende Betrieb eintritt, ist dem Einzelfalle vorbehalten.

---

*) Jahrbuch der Preuß. F.- und J.-Gesetzgebung und Verwaltung IX, p. 481. Vergl. Anhang.

Ueber den Betriebsplan wird bestimmt, daß die in den Staatsforsten übliche und den Sachverständigen geläufige Methode des combinirten Flächen- und Massenfachwerks in der Regel die zweckmäßigste sein wird. Es wird aber von vornherein davon abgesehen, daß der ganze in der Staatsverwaltung übliche, oft doch auch anderen als Einrichtungszwecken dienende Apparat in Anwendung kommt, namentlich sind die Bestimmungen über Herstellung des Kartenwerks, der Eintheilung des Revieres, endlich der Form so gefaßt, daß sie eine große Beweglichkeit zulassen.

Auch der Wirthschafter wird sich nie über eine zu große Einengung zu beklagen haben. Das Gesetz selbst nämlich ordnet an, daß die Nutzungsperioden 20jährig sind. Daraus ergiebt sich nach dem üblichen Verfahren, daß die Bestände, welche innerhalb der nächsten zwanzig Jahre zum Hiebe gelangen sollen, für die Wirthschaft disponibel sind. Er hat also am Beginn der Periode große Freiheit in der Auswahl des localen Hiebes.

Mindestens alle 10 Jahre sollen aber Revisionen des Betriebsplanes vorgenommen werden (§ 5). Bei diesen werden leicht Aenderungen in denjenigen Betriebsdispositionen vorgenommen werden können, die der Verwalter als nothwendig inzwischen erkannt hat und deren Ausführung er nur im Zwange der Verhältnisse anordnen würde.

Zweckmäßiger wäre es allerdings gewesen, wenn man Wirthschafts- und Revisionsperioden gleich lang gemacht und verbunden, sowie den Abnutzungssatz nur für 10 Jahre — die erste Periode — berechnet hätte.

Die zehnjährigen Revisionen bei zwanzigjährigen Perioden ändern nämlich in den Betriebsplänen selbst wohlgeordneter Forsten meistentheils schon viel und machen daher manche frühere Arbeit unnütz. Die Wahrscheinlichkeit liegt vor, daß sie in den Forsten, welche dem beregten Gesetze unterstellt sind, noch mehr zu ändern finden und frühere Arbeiten bei Seite zu schieben haben, als anderswo.

Die Instruction zur Ausführung des Gesetzes vom 14. August 1876 d. d. 21. Juni 1877 bewegt sich, wie ausgesprochen, im Rahmen einer solchen für ein Staatsforstrevier. Neue Gesichtspunkte sind nicht hervorgehoben, ein neues dem privaten Charakter der vorliegenden Forsten entsprechendes System ist nicht ausgesonnen.

Es ist nur Bekanntes gegeben und dadurch die schnelle Ein- und Durchführung des Gesetzes wohl wesentlich gefördert, indessen dürfte doch der Versuch gerechtfertigt sein, es einmal auf anderem Wege zu wagen.

Sache der Wissenschaft ist es, da voranzugehen, ihre Aufgabe ist es, Neues zu erforschen, das Für und Wider zur Sprache zu bringen, eine neue Idee durchzukämpfen.

Was als richtig dann anerkannt wird, nimmt die Praxis zu dauernder Verwerthung, das Uebrige fällt der Vergessenheit oder, wenn es für die Weiterentwickelung Bedeutung hatte, der Geschichte anheim.

I. Theil.

Die Grundlagen der Wirthschaft.

Capitel I.

Der Begriff der Nachhaltigkeit in der Waldwirthschaft.

§ 5.

Die Nutzung in einem Walde ist dann als nachhaltig anzusehen, wenn sich unter Berücksichtigung aller auf ihre Größe einwirkenden Factoren annehmen läßt, daß sie in gleichen Zeiträumen wiederkehren kann ohne das Substrat der Nutzung, das Materialcapital, nachtheilig zu vermindern, zu vergrößern oder in seinem Altersklassenverhältniß unvortheilhaft zu verändern.

Auf diese Definition wollen wir noch näher eingehen.

§ 6.

Die Intervalle, in denen die Nutzungen fällig werden, können, ohne das Vorhandensein der Nachhaltigkeit aufzuheben, durchaus verschieden sein. Eine Nutzung, die alle zwei oder drei Jahre nur einmal erfolgt, kann ebenso gut eine nachhaltige sein, wie die jährlich eingehende, für gleiche Zeiträume muß sie jedoch gleich oft fällig werden; wenn also z. B. alle fünf Jahre eine bestimmte Nutzung angenommen wird, so muß sie innerhalb jeder Periode von fünf Jahren auch wirklich in der festgesetzten Höhe erfolgt sein.

Es ist aber durchaus nicht nothwendig, daß sie jedesmal in einem bestimmten Jahre der Periode, also etwa am Anfang, in der Mitte oder am Ende eingeht. Regelmäßigkeiten nach dieser Richtung können vielleicht als wünschenswerth hingestellt werden, sie machen aber keinen wesentlichen Bestandtheil des Begriffs der Nachhaltigkeit aus. Das ist so wenig der Fall, daß die Festsetzung eines ganz bestimmten Termins unter gewissen Verhältnissen vollständig unzweckmäßig und die Einhaltung desselben schädlich sein kann.

Wir wollen uns zum Beweise dessen ein Beispiel construiren: Ein kleiner Forst wird im aussetzenden fünfjährigen Nachhaltbetriebe bewirthschaftet, der Hieb soll im ersten Jahre der Periode geführt werden.

Das Jahr naht.

Die Forstverwaltung weiß, daß in dem Absatzgebiet Bedarf für Bauholz augenblicklich nicht vorliegt, sie weiß aber auch, daß in den nächsten Jahren verschiedene Bauten auszuführen sind. Wäre es da nicht vollständig unwirthschaftlich, wenn sie des Termins halber, der sogenannten Nachhaltigkeit halber einen Schlag führen wollte? Die Folge wäre doch einfach, daß sie mit jedem Gebote, was abgegeben wird, zufrieden sein und aller Wahrscheinlichkeit nach recht billig losschlagen müßte. In solchem Falle ist es gewiß zu rechtfertigen, wenn man wartet, bis die Wahrscheinlichkeit der Nachfrage eintritt.

Liegt die Disposition so, daß das letzte, das fünfte Jahr des Intervalles, das Hiebsjahr ist, so kann doch eigentlich unmöglich einer solchen Bestimmung zu Liebe eine günstige Conjunctur außer Acht gelassen werden, wenn sie zu einer anderen als der planmäßigen Hiebszeit eintritt.

Freiheit der Disposition bezüglich des Zeitpunktes für den Hieb muß daher unbedingt m. A. gefordert werden, ja dieselbe muß so weit gehen, daß es dem Wirthschafter zu gestatten ist, bei dem nichtjährlichen Nachhaltbetriebe den Hieb sogar je nach der Conjunctur zu theilen. Ist z. B. eine Fläche, auf der 1000 fm stehen, für den fünfjährigen aussetzenden Betrieb als Abnutzung bestimmt und es bietet sich im ersten Jahre Gelegenheit 250 davon zu guten Preisen zu verkaufen, so sind, falls nicht waldbauliche Bedenken dagegen sprechen, diese abzugeben. Werden 200 weitere Festmeter im dritten Jahre begehrt, gut, so giebt man sie ab und wartet mit dem Rest der Fläche vielleicht bis zum Schlusse des Intervalles.

Eine solche Abnutzung bleibt nachhaltig, denn sie hält sich in dem vorgeschriebenen Rahmen, daß für fünf Jahre eine bestimmte Fläche abzutreiben ist.

§ 7.

Die Nachhaltigkeit verlangt nach unserer Definition ferner, daß das Substrat der Nutzung, das Capital, durch die Wirthschaft nicht nachtheilig vermindert oder vermehrt wird.

Absichtlich ist hierauf nicht einfach das Wort verändern ebenfalls bezogen, denn wenn man das Holzcapital im Auge hat, so paßt auf dasselbe dieser Ausdruck durchaus nicht. Vorhandene Holzcapitalien können nur genutzt werden, indem sie verbraucht werden. Nachhaltig werden sie genutzt dadurch, daß für ein hiebsreifes Glied ein junges neues eingefügt wird, welches s. Z. das alte vollständig ersetzen kann.

Eine Veränderung des Capitals kann auch deshalb nicht ausgeschlossen werden, weil fast immer der Wirthschaftsplan Aenderungen einführen und durchführen muß, um den Wald demjenigen Zustande nahe zu bringen, der als der normale anzusehen ist. Denken wir uns z. B., daß in einem Walde irgend eine Altersklasse in ganz hervorragendem Maße vertreten ist, andere dagegen fehlen, so wird die Umsetzung des alten Vorrathes in einen besser abgestuften durchaus richtig sein und unter den Begriff der Nachhaltigkeit fallen.

Mit einer solchen Umsetzung ist fast untrennbar verbunden eine innerhalb gewisser Grenzen bleibende Verminderung oder Vermehrung des Holzvorrathes und diese muß deshalb als normal und die Nachhaltigkeit nicht störend hingenommen werden.

Hätten wir z. B. einen Kiefernwald III. Bonität von 60 ha normal bestockt im 60jährigen Umtriebe, so ist nach den Ertragstafeln für die Kiefer der normale Vorrath 8458 fm.

Ist die Altersklassenvertheilung aber derartig, daß 20 ha 60jährig, 10 ha 50jährig, 20 ha 15jährig und 10 ha 10jährig sind, so ist der Vorrath

20 ha	à	60jährig	=	5680 fm
10 „	à	50 „	=	2470 „
20 „	à	15 „	=	1240 „
10 „	à	10 „	=	360 „
				9750 fm

Soll nun der 60jährige Umtrieb beibehalten werden, so ist ein Vorrathsüberschuß vorhanden, der im Laufe der Wirthschaft verschwindet. Die Nutzung reducirt den Vorrath auf das richtige Quantum, ist für die Zeit, wo das geschieht, höher als die normale Nutzung, muß aber immer noch als eine nachhaltige betrachtet werden. Was mehr genommen wird, wirkt auf den Waldzustand nicht nachtheilig, sondern regulirend. In gleicher Weise kann die Nutzung zuerst auch hinter derjenigen zurückbleiben, die als nachhaltige später festgesetzt wird. Deshalb ist die oben angeführte Definition so gefaßt, daß danach die Nutzung das Altersklassenverhältniß nicht unvortheilhaft verändern darf.

§ 8.

Aus diesen Sätzen und Beispielen geht hervor, daß der Begriff der Nachhaltigkeit für die Waldwirthschaft außerordentlich schwer zu fassen, ja vielleicht überhaupt nicht unanfechtbar zu präcisiren ist.

Während man bei Geldcapitalen ganz bestimmt sagen kann: Eine Nutzung von denselben ist dann nachhaltig, wenn sie die Zinsen bezieht, also vom Capital nichts nimmt und nichts zufügt, erscheint die nachhaltige Nutzung in der Waldwirthschaft immer nur als ein Näherungswerth. Ja als ein Näherungswerth, an dessen Bestimmung seit mehr als einem Jahrhundert viele Kräfte mit heißem Bemühen gearbeitet haben.

Sieht man die Bestimmungen der alten Forst- und Jagdordnungen durch, so tritt die Sorge für die Dauer der bezogenen Nutzungen sehr früh und sehr häufig zu Tage. Die regellose und willkürliche Nutzung wurde gebunden durch die Anweisung des Hiebes Seitens der angestellten Forstbeamten, eigenmächtige Handlungen in Bezug auf den Holzhieb wurden mit Strafen belegt. Bei dem Hiebe selbst sah man darauf, daß schwaches Holz zur Genüge stehen blieb, um später Ersatz für das fortgenommene zu haben. Auch finden wir Bestimmungen, daß für den Nachwuchs sogar durch Saat und Pflanzung gesorgt wurde. Gab zumeist zwar die Ausübung des Nutzungsrechts Veranlassung, Nachpflanzungen zu fordern, so geschah es doch auch oft, daß allerlei andere Gelegenheiten benutzt wurden, wie Hochzeiten, die Uebernahme eines Gutes u. A. Früh auch fing man an, örtlich den Hieb durch Eintheilung des Waldes in Schläge zu ordnen.

Freilich lagen darin nur sehr bescheidene Anfänge einer wirklichen Regulirung. Die Betriebsform war diejenige des Plenter- resp. Mittelwaldes, Formen, die sich nur nach Annahme von bestimmten Regeln, deren wesentlichste ist, daß auch bei ihnen der Hieb an ein gewisses Flächenmaß gebunden ist, mit einiger Sicherheit zum Nachhaltbetriebe einrichten lassen und die noch dann außerordentliche Schwierigkeiten in dieser Beziehung bieten. Was von diesen Formen, namentlich dem Mittelwalde, jetzt noch vorhanden ist, geht rettungslos dem Hochwaldbetriebe entgegen, lediglich weil man in demselben nicht nachhaltig, sondern geizend wirthschaftet und Materialcapitale anhäuft, die in ihrer Größe selbst dem Hochwaldbetriebe Schwierigkeiten machen werden. Und wie so häufig das Untergehende in verwandter Form fast gleichzeitig aufersteht, so sehen wir jetzt neben den letzten Resten des Plenter- und Mittelwaldes neu entstehen den geregelten Plenterwald, den zwei- und mehrhiebigen Hochwald mit und ohne Unterbau, die Lichtungsbetriebe mit Unterbau, alles Formen, die die guten waldbaulichen Seiten der alten Waldbilder retten sollen. Der Uebergang vom Plenter- und Mittelwald zum Hochwalde und die Ausdehnung des Hochwaldprincips bildet zugleich den Markstein in der Forstgeschichte, von dem ab die Lehre von der Betriebseinrichtung der Forsten wirkliche Fortschritte machte. Der Hochwald ist die Form der Ordnung gewesen und wenn auch häufig über das Schablonenmäßige dieser Ordnung geklagt ist, so darf doch der Nutzen nicht verkannt werden.

Johann Gottlieb Beckmann ist als derjenige anzusehen, der mit seiner Schrift „Gegründete Versuche und Erfahrungen von der zu unserer Zeit höchst nothwendigen Holzsaat, 1755 und 1758" die Bahn für den Hochwald brach und ebenso ist er als derjenige zu betrachten, von dem ab die Taxation der Forsten in fast ununterbrochener Folge ausgebildet wurde. Auch hier gab er mit seiner Anweisung zu einer pfleglichen Forstwirthschaft 1759 den wesentlichsten Anstoß zur Fortentwicklung.

Beckmann sucht die Nachhaltigkeit des Betriebs zu sichern durch die Ermittelung der Holzrente, die nach dem Maße des jetzt vorhandenen Vorraths bei einem niedrig begriffenen Zuwachsprocent möglich ist. Seine Etatsberechnung löst die einfache Aufgabe der

Rentenrechnung: Welche Jahresrente kann für die Dauer eines Umtriebes gewährt werden, wenn jetzt ein bestimmtes Capital gegeben wird und der Zinsfuß 1—$2^1/_2$% beträgt?

Vor ihm hat man den Betrieb zu sichern gesucht durch eine Schlageintheilung und durch Angaben über den Ueberhalt.

Die Eintheilung des Revieres in Schläge, und zwar so viele, als der Umtrieb Jahre zählt, verbunden mit der Bestimmung, daß alljährlich ein Schlag zum Hiebe kommt, ist ein so einfaches Mittel, die Nachhaltigkeit des Betriebes zu sichern, daß es durch Beckmann's complicirtes Verfahren nicht aus dem Sattel gehoben wurde. Friedrichs des Großen klarer praktischer Blick hielt an der Schlageintheilung so lange als möglich fest und erst später sind Massentheilungsverfahren ausgebildet, wie sie Hennert in seinem Werke beschreibt „Anweisung zur Taxation der Forsten nach den hierüber ergangenen und bereits bei vielen Forsten in Ausübung gebrachten Kgl. Pr. Verordnungen" 1791 und 1803.

Oettelt betritt in seinen Werken, die für die Entwicklung der Taxationslehre von wesentlicher Bedeutung sind, ebenfalls den Weg der Flächentheilung, und sucht den Maßstab zu finden, nach dem die jährliche Hiebsfläche zu bestimmen ist, wenn eine möglichst gleiche Nutzung stattfinden soll.

Allerlei Hülfsmittel und Wege tauchen dann in rascher Folge auf, die alle bezwecken, die Nutzung aus dem Walde zu regeln und Gewähr zu leisten für die Nachhaltigkeit. Die zwei Kategorieen bleiben aber durchgehend bestehen, die eine stützt sich auf die Masse, die andere auf die Fläche. Ein Verfechter der ersteren wird Georg Ludwig Hartig, ein Verfechter der zweiten Heinrich von Cotta. Dem Genie des letzteren gelingt es, beide Principien zu verbinden und den Grundstein zu legen zu dem combinirten Fachwerk, derjenigen Methode, die augenblicklich als die am meisten in die Praxis eingedrungene bezeichnet werden muß. Der Zug der Zeit geht ganz entschieden zurück zu dem einfachen Ausgangspunkt der Flächentheilung, immer mehr kehrt sie sich ab von ins Kleine gehenden Ermittelungen des ganzen Materialvorrathes und von einer Benutzung dieser Größe zur Darlegung der Nachhaltigkeit.

§ 9.

Es läßt sich das aus den Verhältnissen vollständig erklären. Je ungeordneter die Waldverhältnisse und namentlich je weniger regelmäßig die Bestockung ist, um so lockerer ist die Verbindung zwischen Masse und Fläche. Wird verlangt, daß die Abnutzung eine nahezu gleichmäßige ist, so läßt sich bei solchen Verhältnissen die Fläche nur schwer, ich möchte sagen, auf Umwegen verwerthen. Eine Flächenabnutzung von 2 ha z. B. kann außerordentlich verschiedene Materialbezüge zulassen und kaum wird der Nutznießer mit einer solchen Disposition zufrieden sein. Mit Recht und ganz logisch tritt da das Princip der Massentheilung ein.

Erst mit geordneten Waldverhältnissen wird die Verbindung zwischen Fläche und Masse eine festere, tritt die Masse als eine von Fläche und Bodengüte abhängige Function auf und mit diesem Augenblicke bietet die Fläche eine annehmbare und feste Stütze für die Betriebsregulirung.

Beckmann hat augenscheinlich die Verhältnisse vor sich, wie sie überhauene Plenterwaldungen zeigen: regellos in jeder Weise. Er benutzt daher die Fläche absolut nicht, für ihn ist sie keine Hülfe.

Oettelt wirthschaftet im Thüringer Walde unter weit regelmäßigeren Verhältnissen. Die Waldform, die er vor Augen hat, ist eine solche, die unserer Hochwaldform gleich ist resp. sich ihr im Femelschlagbetriebe nähert, für ihn wird die Fläche das Hülfsmittel zur Betriebsregulirung.

Ja wenn wir Hartig und Cotta als Beispiele hinstellen, so sehen wir auch an ihnen den Einfluß der sie umgebenden Verhältnisse. Hartig hat in Hungen die Bestandsbilder der Markwaldungen vor sich, bald Mittelwald, bald Plenterwald, bald Femelschlagbetrieb, keineswegs aber geordnete Verhältnisse. Nicht anders ist es in Dillenburg und als er von Stuttgart nach Preußen geht, kommt er in dasjenige Land, für dessen Verhältnisse die Massentheilung die feinste Ausbildung erfahren hatte und als die zweckmäßigste noch eine lange Zeit herrscht.

Cotta als Kind des Thüringer Waldes mit seinen geschlossenen Hochwaldbeständen, stellt wie Oettelt unbedingt die Regelung des Betriebes nach der Fläche an die Spitze und findet seine Idee auch durchaus durchführbar in den sächsischen Waldungen.

Und mit der Besserung der Waldverhältnisse, wie sie hervorging durch eine sachgemäße Abnutzung, durch eifrigen Kulturbetrieb, durch Befreiung des Waldes von lästigen Servituten, streift man in Preußen mehr und mehr die alte Haut ab und nimmt die Cottaischen Ideen auf, ohne jedoch sie als allein maßgebendes Princip hinzustellen. Der letzte wesentliche Schritt zur Annäherung an Cotta's Gedanken war die Trennung des ganzen Einschlages in Haupt- und Vornutzung.

Es kann nicht zweifelhaft sein, daß je weiter die Verhältnisse der Bestockung im Walde sich bessern werden, um so mehr die Betriebseinrichtung sich wieder auf die Fläche stützen wird, ja meine persönliche Ansicht geht dahin, daß ihr allein die Zukunft gehört.

§ 10.

Mit den Ansichten des Forsttechnikers tritt sehr häufig der Nutznießer in einen gewissen Gegensatz. Die Waldwirthschaft ist eine außerordentlich sichere und wenig Arbeit erfordernde. Ist die Kultur vollendet, so steht der Bestand zunächst eine Reihe von Jahren, ohne daß darin gewirthschaftet wird; ab und zu wird Seitens des Försters revidirt, ob sich nicht schädliche Insecten und Pilze zeigen und wenn es nöthig ist, eine Arbeiter-Colonne hindurchgeschickt, welche die trocknen Stämme ausreißt und die darin steckende Brut vernichtet. Neben den ungebetenen Gästen wird die Kultur und spätere Dickung von gern gesehenen, wie Reh, Fuchs und Hase gesucht. Sie geben die Veranlassung, daß es einmal im Jahre um den sonst stillen Waldort lebendig wird. Eine fröhliche Jagdgesellschaft umstellt ihn, der Ruf der Treiber erschallt, das Horn verkündet die erlegte Beute. Zuerst ist es so dicht in der Schonung, daß der Hase sich mit großem Erfolge drückt, der Fuchs bis unmittelbar an die Schützen heranschleicht, ohne bemerkt zu werden, um dann wie ein Pfeil über die Schneiße zu schießen. Ein Decennium dauert die Freude, dann verläuft das Treiben plötzlich stumm, ein Erfolg der Durchforstung. Jagderinnerungen werden dann mit Vorliebe aufgefrischt und die ältesten Geschichten mit größtem Interesse noch einmal gehört. Einige Jahre läßt man das Treiben noch machen, um es endlich durch bessere abzulösen.

Ja die Durchforstung hat Arbeit verursacht, sie hat aber in der Regel dieselbe auch bezahlt gemacht und je älter der Ort wird, um so mehr wird die Arbeit darin auch eine Quelle der Einnahmen. So vergeht ein Decennium nach dem anderen bis der Bestand versilbert wird. Wohl kann dem Walde durch Feuer, Wind und Insecten ernste Gefahr drohen, aber alle — selbst das Feuer — vernichten das Material nicht vollständig, lassen immer noch eine Verwerthung desselben zu. Im Ganzen tritt Schaden jedoch nicht oft auf und die Waldwirthschaft muß als eine sichere betrachtet werden. Selten wird der Forstwirth durch Arbeitermangel eine Einbuße erleiden, die Zeit der Ernte ist nicht wie bei der Landwirthschaft eine gegebene. Wer im Herbst keine Leute bekommt, wartet bis zum Winter, haut bis in das Frühjahr und den Sommer hinein. Freilich können dadurch Unbequemlichkeiten erwachsen, selten wirkliche Nachtheile und schließlich bleibt noch der Ausweg, die Bestände auf dem Stamme zu verkaufen und den Hieb dem Käufer zu überlassen.

Die Sorgen um die Erziehung des Waldes gehören dem Forstwirth, der Nutznießer fragt nach dem Betrage der Rente, die der Wald abwirft. Es soll diese, was ihm Niemand verdenken kann, möglichst hoch sein und es ist ihm ganz gleichgültig, ob dieselbe Rente sich ergiebt aus dem Verkauf von 100jährigem, 80jährigem oder noch jüngerem Holze. Es ist ihm ferner gleich viel, ob die Materialrente hoch oder niedrig ist, wenn ihm nur der Erlös den gewünschten Betrag in die Hände giebt. Für jeden, der nicht mit dem technischen Betriebe zu thun hat, tritt die Materialrente in ihrem Werthe zurück und in den Vordergrund die Geldrente.

So interessant die Frage nach dem Materialertrage dem Forstmanne auch ist, so gleichgültig wird sie für die übrige Welt. Was kümmert sich der Bürger, der zur Miethe wohnt, also nie in die Lage kommt, Bauholz zu gebrauchen, darum, ob 60- oder 80jähriges Holz, Buchen, Eichen oder Kiefern einzuschlagen sind. Wird es kalt, so weiß er seinen Keller wohlgefüllt mit Kohlen und das wenige Holz zum Feueranmachen wird von irgend woher in kleinen Partieen gekauft. Wesentlich betheiligt aber ist derselbe Bürger, wenn es heißt: der Wald liefert in diesem Jahre 10% weniger an

Geld als im vorigen und der Ausfall muß durch einen Zuschlag zu den directen Steuern gedeckt werden. Dann fragt er, warum kann die Rente des Waldes nicht gleich gemacht werden? wenigstens sollte man doch jedem schroffen Wechsel vorbeugen können.

Am Biertische wird die Höhe der Waldrente dann mit Vorliebe verhandelt. „Der Staat", heißt es, „hält es für unbedingt nothwendig, eine gute und nachhaltige Wirthschaft durchzuführen, er zwingt uns nach Plänen zu wirthschaften, die von solchem Standpunkte aus aufgestellt sind, er nimmt uns die Freiheit, bestehende Conjuncturen einmal recht voll auszunutzen und indem wir dadurch dem Walde, seiner Existenz, seinen Vortheilen nach allen möglichen bewiesenen und unbewiesenen Richtungen hin Tribut gezahlt haben, können wir nun nicht einmal eine festbestimmte Rente in unser Budget einstellen. Nach wie vor sind wir vor ungleiche Bezüge gestellt. Das Verständniß für die Vortheile der getroffenen Maßregeln geht uns hierbei nicht auf."

Womit kann der Forstmann solchen Reden gegenübertreten, um sein System zu vertheidigen? Er kann dem Bürger auseinandersetzen, daß seit langer Zeit das Streben von Praxis und Wissenschaft dahin gegangen ist, die Rentenbezüge aus dem Walde möglichst gleichzustellen. Die ganze Entwicklung von der Lehre der Betriebseinrichtung ist zumeist hervorgerufen durch den Wunsch, nachhaltig gleiche Renten aus dem Walde zu beziehen. Die einfachste Schlageintheilung hat diesem Zwecke dienen sollen, wie auch heute noch das voll entwickelte System des combinirten Fachwerks ihn verfolgt. Man ist von der einfachen Schlageintheilung, die jeden Schlag gleich groß macht, übergegangen zu Eintheilungen, die gleiche Materialrenten versprachen. Auf gutem Boden machte man kleine, auf geringem große Schläge, im gut bestockten Bestande nahm man kleinere, entgegengesetzten Falls größere Flächen. Man schätzte die Haubarkeitserträge, vertheilte sie gleichmäßig auf die ganze Umtriebszeit, griff zur Fläche, vereinigte beides, kurz that, was nur erdacht werden konnte. Wirthschaftsbücher wurden angelegt, die zur Aufnahme der Jahresbilanz dienten, das Mehr und Minder gegen das Soll von einem Jahre zum anderen übertrugen, die Irrthümer der Schätzung von Zeit zu Zeit berichtigten und somit Schätzung und Ertrag immer wieder in Einklang brachten.

Man wird dem Bürger weiter auseinandersetzen können, daß aus diesen Bestrebungen ein System hervorgegangen ist, was für die Wirthschaft eines großen Staates genügt, denn dort machen die Forsteinnahmen nur einen kleinen Bruchtheil der ganzen Einnahmen aus und die Schwankungen werden leicht ausgeglichen werden können. Dieses System bewahrt dabei dem bewirthschaftenden Beamten eine große Freiheit, die für den Betrieb im Walde auch dringend wünschenswerth, ja nothwendig ist, und legt doch den Rahmen, in dem die Wirthschaft sich zu bewegen hat, so fest, daß er nicht gut verschoben werden kann.

Trotzdem müssen wir aber zugeben, daß wir nur die Regulirung der Materialrente so ziemlich in der Gewalt haben. Der weitere Schritt, auch die Geldrente zu reguliren, fehlt uns, und doch können mit Fug und Recht die Nutznießer nicht staatlicher Waldungen von uns verlangen, daß wir auch diese Ergänzung des Systems vornehmen.

§ 11.

Um dieses Ziel zu erreichen, scheint es mir wesentlich, die Interessen des Forstmannes und die Interessen des Nutznießers soweit als möglich getrennt zu halten. Der Forstmann darf nicht gehindert werden, die Maßregeln auszuführen, die er zum Heile des Waldes für nöthig hält; sein Bestreben muß es sein, den Forst waldbaulich auf eine möglichst hohe Stufe zu bringen; seine Sache muß es bleiben, den Hieb örtlich anzuweisen, denselben zu leiten, und Alles bei der Zurichtung des Holzes zu thun, was zu einer möglichst günstigen Verwerthung führen kann. Die Versilberung selbst kann ebenso gut von ihm wie von dem Nutznießer bewerkstelligt werden. Es ist der Punkt, wo die Wirkungskreise beider sich berühren und über einander greifen.

Es beginnt damit der kaufmännische Theil der Waldwirthschaft und hier hat der Nutznießer wesentlich mitzusprechen. Die Regulirung der Waldrente kann von den Functionen des Wirthschafters losgelöst werden.

Bei Festsetzung der Rente wird der Nutznießer aber stets zu berücksichtigen haben den Zustand des Waldes und namentlich den Erfolg des Kulturbetriebes. Damit bieten dann sich wieder Anknüpfungspunkte, die den Kaufmann von Neuem mit dem Forstwirth verbinden und den Ring der wirthschaftlichen Geschäfte schließen.

Weil aber diese Berührungspunkte vorhanden sind, ist es wünschenswerth, daß einmal das System, nach welchem sich der Hieb draußen regulirt, so einfach wie möglich ist, und von dem Nutznießer ohne Schwierigkeit verstanden wird; auf der anderen Seite soll aber auch die Regulirung der Rente keine Schwierigkeiten bieten, so daß sie ohne besondere kaufmännische Kenntnisse dem Forstmanne verständlich ist und schließlich von Jedem besorgt werden kann.

Die größte Einfachheit muß die Regulirung der nichtstaatlichen Forsten in jeder Beziehung beherrschen.

Die Trennung der technischen und kaufmännischen Seite der Geschäfte ist eine bei anderen Betrieben ganz gewöhnliche. Jedes größere industrielle Unternehmen hat sie mit Erfolg eingeführt und wo beide, der Kaufmann und der Techniker, in rechter Weise sich in die Hand arbeiten, da haben wir von der Trennung nur Gutes gehört.

Möge sie auch solches für den Wald leisten!

Capitel II.

Die Grundlage der technischen Wirthschaft.

§ 12.

Wir können uns für den technischen Betrieb entweder auf Massen oder auf Flächen resp. auf Combination beider stützen, um die Nachhaltigkeit der Wirthschaft zu beweisen.

Sehen wir einmal zunächst der Massenschätzung ins Gesicht.

Die einfachste Art ist die nach dem Augenmaße. Die Fertigkeit darin wird im Walde selbst erworben und wer Anlage mitbringt, kann es zu einer recht achtungswerthen Sicherheit bringen. Fehlerhaft bleibt die Schätzung jedoch immer und da die Fertigkeit sehr bald wieder verloren geht, wenn sie nicht mehr stetig geübt wird, so ist die Methode einigermaßen in Mißcredit gekommen und man wendet sie für die Aufstellung der Taxationswerke nur noch ausnahmsweise einmal an.

2*

Die Regel bleibt die stammweise Aufnahme der Bestände durch Kluppung, Messung der Höhen und demnächstige Berechnung der Massen entweder nach den Massentafeln, Ertragstafeln oder nach local genommenen Formzahlen, weniger häufig wird das Probestammverfahren zur Anwendung gebracht. Bei letzterem werden für je einen Theil der Stämme oder für alle zusammen Repräsentanten gesucht, deren Cubikinhalt dann für die hinter ihnen stehenden Stämme maßgebend ist.

Die Resultate, welche bei allen diesen Verfahren erlangt werden, sind mit einem nur geringen Fehlerprocente ausgestattet. Sie werden desto richtiger, je mehr man Kluppe und Höhenmesser angewendet hat.

Der augenblickliche Vorrath kann mit den Hülfsmitteln, die uns die Wissenschaft gegeben hat, mit ziemlicher Genauigkeit festgestellt werden, aber die Arbeit ist sehr erheblich und ohne Kluppung erreicht man keine genügenden Resultate.

Dem vorhandenen Vorrathe ist aufzurechnen der Zuwachs, eine Größe, die näherungsweise nach den bisher angelegten Jahrringen bestimmbar ist, auch nach den in den Ertragstafeln namhaft gemachten Zuwachsprocenten in Rechnung gestellt werden kann. Verlangt man nicht zu viel, so darf man die Resultate als befriedigend erklären. Eins aber muß unbedingt vermieden werden, nämlich die Aufrechnungsperiode zu lang zu machen. Deswegen sind diese Untersuchungen auch nur für diejenigen Orte möglich, welche in der nächsten Zeit zum Hiebe kommen.

Die Haubarkeitserträge solcher Bestände sind hiernach mit genügender Sicherheit feststellbar. Die Nachhaltigkeit verlangt nun aber den Nachweis, daß die nach Maßgabe dieser Bestände angesetzte Nutzung auch in späteren Zeiten erfolgt und es ist daher nothwendig, auch die Haubarkeitserträge aller übrigen Bestände in Ansatz zu bringen und mit dem ersteren in Vergleich zu stellen.

Wir begeben uns mit der Schätzung dieser Erträge vollständig in das Reich der Wahrscheinlichkeitsrechnung und zwar einer solchen, der im Laufe der Zeit viel von den auch noch so sorgsam erwogenen Unterstellungen entzogen werden kann. Wer will z. B. dafür bürgen, daß der jetzt vorhandene geschlossene Stangenort nicht allerlei Ungemach erfährt und als lückiger Bestand zur Haubarkeit gelangt und kann nicht umgekehrt ein jetzt durch den Fraß irgend eines Insectes durchlöcherter Stangenort sich wieder vollständig schließen und im Alter einen durchaus normalen Bestand repräsentiren. Gewiß treten solche Fälle ein und namentlich häufig der als Beispiel eben zuerst gedachte.

Sehr leicht werden die Erträge der Zukunft überschätzt und eine Folge davon würde sein, daß selbst ein zu hoher Abnutzungssatz dadurch als nachhaltig gerechtfertigt erscheint.

Gesetzt nun aber, wir haben auf Grund der Haubarkeitsmassen einen richtigen Abnutzungssatz festgestellt und beginnen mit demselben die Wirthschaft, so wird je nach dem sich darbietenden Bestandsbilde die Hiebsfläche und damit auch die Kulturfläche bald größer, bald kleiner sein, also nach dieser Richtung durchaus nicht ordnend für die Zukunft wirken.

Haben wir z. B. 1000 fm ermittelt und wird der Hieb in Holz geführt, von dem in einem Theile 500 fm, im anderen 300 fm stehen, so ist die Hiebsfläche einmal 2 ha, das andere Mal $3^1/_3$ ha groß.

Und wie ist es weiter mit dem Geldertrage, mit der Rente, die der Forst dem Nutznießer bringt und deren gleichmäßige Höhe dringend wünschenswerth ist? Auch sie unterliegt, trotz der mühsamen Vorarbeit, sehr erheblichen Schwankungen, solchen, die wahrscheinlich relativ viel bedeutender sind, als bei den Abtriebs- und Kulturflächen.

Ihren einfachen Grund hat die Erscheinung darin, daß die gleiche Masse nicht gleichen Werth repräsentirt. 100 fm aus einem astrein und schäftig erwachsenen Bestande sind absolut nicht gleichzustellen 100 fm, die einem kurzschäftigen, ästigen Bestande entstammen. Und wenn auch des Verwalters Bestreben dahin gehen mag, die Extreme abzustumpfen, immer wird an Schwankung genug bleiben.

§ 13.

Um das vollständig Unsichere, die Schätzung der Haubarkeitserträge jüngerer Bestände zu eliminiren, bietet sich der einfache Ausweg, die Massenschätzung derselben fortzulassen und die Nachhaltigkeit in der Weise zu sichern, daß man an Stelle der Haubarkeitsmassen die Perioden mit Flächen ausstattet. Die Massenschätzung erstreckt sich dann nur auf die in dem ersten Zeitabschnitt zu hauenden

Bestände, ebenso auch die Zuwachsberechnung. Wir nehmen also hierbei diejenigen Größen, deren fast genaue Bestimmung nach dem vorhin Gesagten möglich ist.

Aus denselben läßt sich der jährliche Abnutzungssatz einfach ableiten, indem man den jetzt vorhandenen Vorrath vermehrt um den Zuwachs und die Summe durch die Anzahl der Jahre, für welche die Bestände den Bedarf decken sollen, dividirt. Der Zuwachs wird für den einen Bestand nur 1 Jahr lang erfolgen, der zweite erhält ihn für zwei Jahr, der letzte eine volle Periode hindurch. Da man nun dem Wirthschafter nicht vorschreibt und vorschreiben will, wie die Reihenfolge der Bestände zum Hiebe sein soll, so kann man auch füglich nicht sagen, wie die Aufrechnung im Einzelfalle vor sich gehen soll.

Es ist deshalb auch hier eine Näherungsrechnung eingeführt, indem man sagt: im Durchschnitt steht jeder Bestand noch die Hälfte der Periode hindurch und bis zu diesem Zeitpunkte wird ihm auch der Zuwachs aufgerechnet.

Jedenfalls wird bei diesem Verfahren vermieden, daß auf Kosten zukünftiger Erträge, deren Betrag ein nicht genügend definirbarer ist, eine zu hohe Nutzung als nachhaltig erscheint. Ein weiterer Vortheil liegt darin, daß die Arbeiten wesentlich verringert sind, ohne dadurch das System zu schädigen.

Blicken wir nun aber wieder auf die Ordnung im Walde, die vermittelst des gefundenen Abnutzungssatzes hergestellt werden soll, so tritt uns dasselbe entgegen, was bei der Schätzung nach reinen Haubarkeitsmassen der Fall war. Die Flächenabnutzung ist eine ungleiche und mit ihr wird es die Wiederkultur.

Ebenso ist die Gleichheit des Geldertrages in keiner Weise gesichert, selbst bei feststehenden Holzpreisen wird die Rente ungleich, bald hoch, bald niedrig sein. Sicherlich ist der Nutznießer aber nicht im Stande, bei Aufstellung des Voranschlages für seine Einnahmen einen fest bestimmten Betrag aus den Forstrevieren einzusetzen.

§ 14.

Wir können uns endlich allein auf die Fläche stützen, in der Weise, daß jeder Periode eine gleiche Fläche zugewiesen wird.

Hierbei treten uns sofort verschiedene Ansichten entgegen. Der eine nimmt die Flächen, wie sie gemessen sind, also die absoluten Größen, der andere sagt: Nein! das geht nicht an, denn dabei werden die Erträge zu ungleich.

Wir müssen die Flächen reduciren und zwar so, daß die Einheit in reducirter Fläche den gleichen Ertrag liefert. Wenn also 1 ha auf der ersten Bodenklasse 500 fm liefert, dagegen auf einem solchen der IV. nur 250 fm stehen, so ist 1 ha der ersten gleich zweien der IV. oder umgekehrt 1 ha der IV. = 0,5 ha der ersten zu rechnen, und diese Reduction ist von Fläche zu Fläche auszuführen, so daß man endlich das Areal des Reviers in einer auf eine Ertragsklasse reducirten Flächensumme erhält. Diese wird auf die Perioden vertheilt.

Endlich aber kommen noch Dritte hinzu und sagen: auch das ist nicht richtig und genügt nicht. Es muß nicht allein die Ertragsfähigkeit in Betracht gezogen werden, sondern auch das factisch vorhandene Ertragsvermögen. Was nutzt mir die erste Bodenklasse, wenn sie nicht voll bestockt ist? Wie kann ich 1 ha davon gleich zweien der vierten setzen, wenn das factische Bestandsbild mir zeigt, daß auf dem einen nicht mehr als auf dem anderen steht? Es muß also noch eine weitere Reduction nach der vorliegenden Bestockung eintreten.

§ 15.

Was erreicht man, wenn man auch diese Reduction ausführt? Eine größere Wahrscheinlichkeit, daß die Masse eine von der nun doppelt reducirten Fläche abhängige Größe ist.

Die Einheit in reducirter Fläche liefert nahezu dieselbe Festmeterzahl beim Einschlage, die Schwankungen sind also nicht sehr erheblich, ja werden möglichst vermieden.

Betrachten wir dagegen den Effect der ersten Reduction für sich allein, so werden wir durch dieselbe, wie der vorhin erhobene Einwand richtig besagt, nur mit geringer Wahrscheinlichkeit auf eine Gleichmäßigkeit der Nutzung rechnen können.

Sie kann zufällig vorliegen, wenn das Maß der Unvollkommenheit überall ein annähernd gleiches ist. Je ungleicher aber die

Flächen bestockt sind, um so mehr schwankt auch naturgemäß der Ertrag.

Geradezu die Unwahrscheinlichkeit der Gleichheit im Ertrage liegt aber vor bei der Anwendung der absoluten, also gar nicht reducirten Fläche.

Die Ordnung im Walde stellt sich bei den verschiedenen Systemen in umgekehrter Reihenfolge dar. Die Einsetzung der absoluten Flächen giebt gleiche Hiebs- und gleiche Kulturflächen, also bezüglich der Nachzucht die günstigsten Verhältnisse. Die einfach reducirten Flächen bringen dagegen, ebenso die doppelt reducirten verschiedene Flächengrößen zum Abtriebe und demgemäß auch zur Kultur.

Und wie ist nun die Waldrente, die ich in meinen Budgetentwurf aufnehmen darf? fragt der Nutznießer. Ungleich! lautet die Antwort. Wenn wir da eine Gleichheit erzielen wollten, müßten wir noch eine dritte Reduction eintreten lassen, nämlich nach der Verschiedenheit des Gelderlöses, den 100 fm von Holz der verschiedenen Bodenklassen im Durchschnitt erzielen. Nehmen wir wieder I. und IV. Bonität wie vorhin, so wird wahrscheinlich in Folge des höheren Nutzholzprocentes in dem schäftigen langen Holze der I. Klasse der Erlös für 100 fm Einschlag höher sein. Verhalten sie sich wie 2:1, so wird erst die doppelte reducirte Fläche, mithin auch die doppelte Masse des Holzes von der IV. Bonität die Geldrente der einfachen von der I. Ertragsklasse erreichen.

Bitte, reduciren Sie nicht mehr, hören wir im Geist den Waldbesitzer reden. Wo bleibt da überhaupt noch die Möglichkeit der Uebersicht, wenn ich die Wirklichkeit mit einem dreifachen Schleier umhänge. Und wir müssen um so mehr davon absehen, als wir nicht umhin können zuzugestehen, daß unsere bisherigen Reductionen nicht mit sicheren Größen operiren. Die Reduction nach den Bonitäten bringt nämlich bereits anfechtbare Größen, denn die Einschätzung ist unter allen Umständen mit Fehlern behaftet. Die Fehler wirken aber auf die Flächensummen und auf die Abnutzung, können also die Nachhaltigkeit beeinträchtigen.

Mehr noch tritt die Unsicherheit hervor bei Anwendung der zweiten Reduction. Unsere Schätzungen, wie sie üblich sind, in Zehnteln eines Vollbestandes, den wir — Hand auf's Herz —

selten kennen, schweben geradezu in der Luft. Sie verschieben das Resultat der besten Massenaufnahmen derartig, daß oft ebensoviel mit einer oberflächlichen Ocularschätzung erreicht sein würde.

Man nehme sich doch einmal die Abschätzungswerke vor und suche, ob sich darin ein Bestand vorfindet, der als voll bestanden angesprochen ist. Sie sind außerordentlich selten, kommen etwa so oft vor, wie das Prädicat vorzüglich in den Preuß. forstl. Staatsexamen. Auf den, in dunkler Vorstellung vorschwebenden Normalbestand wird Alles bezogen. Da ist denn die Bestockung von sieben Zehntel des Vollbestandes nichts seltenes.

Was verlangt man denn aber damit? Doch nichts anderes als folgendes: Es sollen zu den jetzt vorgefundenen Stammzahlen noch an Stämmen mittler Größe $^3/_7$, das sind 43%, hinzutreten. Wie oft habe ich schon gefunden, daß bei Klarlegung dieses Verhältnisses der Schluß, resp. die Ansicht des Taxators darüber, auf 0,8 sprang.

Man bedenke doch aber, daß jede Unsicherheit darin in ihrem Endeffect wiederum den beabsichtigten Nachhaltbetrieb verschiebt und hier der Hebel seine Kraft äußert.

Kann es endlich durch die dritte Reduction irgendwie besser werden? Nein! Zunächst bestehen die Mängel der ersten fort, dann aber tritt zu den vorhandenen unsicheren Größen nun noch eine neue hinzu. Sie steht mit den übrigen in gar keinem Zusammenhange und es ist daher auch absolut nicht zu erwarten, daß sie etwa bestimmt negativ oder positiv wirkt, während die anderen entgegengesetzten Einfluß haben, und daß dadurch die Unebenheiten ausgeglichen werden können.

§ 16.

Wir wollen versuchen endlich noch einen Standpunkt zu beleuchten, auf dem zumal die Privatwirthschaft nicht selten steht. Die Wirthschaft ist übernommen zu irgend einem Preise und der Besitzer verlangt nun, daß dieser Kaufpreis sich mindestens verzinse mit dem Zinsfuß seiner Hypotheken. Er erscheint dann nur als der Verwalter des Kaufobjects. Was er daraus an Nutzungen zieht, zahlt er weiter an den Hypothekengläubiger, er selbst sieht das Geld nur an sich vorüberfließen, ohne daß für ihn etwas abfällt. Es ist dies eine Forderung, die wir als eine minimale erkennen müssen, die nur gestellt werden kann, wenn noch andere Einkünfte vorhanden sind, aus denen der Lebensunterhalt des Eigenthümers bestritten wird.

Hier ist also die Geldrente des Forstes eine bestimmte und um sie zu erfüllen, müssen die übrigen Verhältnisse sich beugen.

Ungleich werden sein die Bezüge an Holz, denn es wird einfach soviel gehauen, daß der Erlös daraus dem gewünschten Betrage gleich ist. In guten Jahren mit hohen Holzpreisen haut man verhältnißmäßig wenig, in schlechten mit niedrigen dagegen viel und kommt schon daraus zu ganz absurden Verhältnissen.

Für die Ordnung im Walde wirkt die Idee ebenfalls nicht günstig, denn die Kulturflächen fallen sehr verschieden aus. Es erscheint hier factisch der absolute jährliche Flächenantheil reducirt nach der Bonität, der Bestockung und endlich dem Werthsverhältniß, ja sogar nach den Schwankungen des Preises von Jahr zu Jahr und der Erfolg dieser Reduction in Bezug auf den Waldzustand ist ein für jedes Jahr verschiedener.

Nun kommt aber noch ein schwerwiegendes Bedenken hinzu. Die volle Verzinsung kann nachhaltig aus dem Walde nur dann gefordert werden, wenn der gezahlte Preis ein angemessener ist. Ist er zu hoch, so frißt das Capital durch seine Zinsen den Waldvorrath allmählich auf. Ist er hingegen zu niedrig, so wird der Hieb verhältnißmäßig zu klein und, ohne daß es beabsichtigt ist, häuft sich neuer Vorrath an.

Nicht anders gestaltet sich natürlich die Sache, wenn nicht die Zinsrente des Kaufcapitals, sondern irgend eine andere als jährlich zu verwirthschaften hingestellt wird. Es muß stets die Angemessenheit dieser Rente dargethan werden, und sehen wir uns die Sache bei richtigem Lichte an, so sind die Arbeiten dafür recht umfangreich. Die Gleichheit des Ertrages aber wird eben nur durch die — ich kann es nicht anders nennen — Absurdität erkauft, daß man bei günstigen Conjuncturen mit dem Holze geizt, bei ungünstigen schleudert.

§ 17.

Unsere Erörterungen führen uns demnach zu dem Schlusse, daß die bis dahin besprochenen Systeme sämmtlich an einem Punkte zu nicht gewünschten Resultaten kommen, das eine hier, das andere da, bald hängt er bei den Flächen, bald bei den Massen, bald bei der Geldrente. Und wenn wir uns jetzt für irgend etwas zu entscheiden haben, so erscheint das Einfachste als bestes und das ist das Princip des reinsten Flächenfachwerkes.

Jede Abänderung desselben muß als überflüssig angesehen werden, als eine Sache, die nur dahin führt, das so einfache Princip zu verdunkeln und in seiner allgemeinen Verständlichkeit zu beeinträchtigen.

Der Gedankengang, dem wir folgen, läßt sich folgendermaßen aussprechen: Man theilt die ganze zur Holzzucht benutzte Fläche durch die Zahl der Nutzungsperioden, die der angenommene Umtrieb hat.

Ist die Fläche z. B. 1300 ha groß und der Umtrieb auf 84 Jahre festgesetzt, so haben wir bei 12jähr. Perioden in jeder 185,7 ha zu hauen. Gehen wir in der zweiten Periode auf einen 80jähr. Umtrieb mit 10jähr. Perioden über, so würde die Periodenfläche gleich 162,5 ha sein.

Dem Wirthschafter bleibt es überlassen, zu bestimmen, wo der Hieb in den einzelnen Jahren innerhalb der Periodenfläche zu führen ist. An diese ist er aber gebunden, die Flächen der übrigen Perioden sind ihm der Regel nach verschlossen.

Wir nehmen ein solches Princip mit dem klaren Bewußtsein an, daß dasselbe in den einzelnen Jahren weder gleiche noch gleichwerthige Massen auf den Markt bringt, daß es also demgemäß auch ungleiche Gelderträge mit sich führt.

Das ist auf anderem Wege zu corrigiren.

Capitel III.

Die Grundlagen der finanziellen Wirthschaft.

§ 18.

Der Waldbesitzer — mag er nun eine physische oder moralische Person sein — wünscht von dem Vermögensobjecte eine möglichst gleichmäßige Jahresrente zu beziehen. Die technische Wirthschaft entspricht nicht diesem Wunsche. Es muß vielmehr ein besonderes Verfahren eingeleitet werden, um die Ungleichheiten aufzuheben und in Gleichheiten zu verwandeln.

Wer hat nicht schon in das Getriebe einer Dampfmaschine hineingesehen. Der Stoß des Kolbens, der das Ganze treibt, wirkt nur nach einer Richtung. Zum Ausgangspunkte, von dem aus die Kraft wieder angesetzt werden kann, kehrt die Maschine leer zurück. Es ist ein aussetzender Betrieb, in dem sie wirkt, und dennoch geht sie so gleichmäßig in ihrer Bewegung, daß nur bei angespannter Aufmerksamkeit die Zeit des wirkenden Impulses von der anderen zu unterscheiden ist. Die zeitweise entwickelte Kraft genügt, um die Maschine im Lauf zu erhalten. Solches Resultat wird aber nicht ohne Weiteres erreicht, sondern mit dem System des Kraftentwickelns, des Kraftempfangens, ist ein System der Kraftvertheilung und Regulirung verbunden. Mühelos wird der gewünschte Effect ebensowenig hier, wie anderwärts erreicht. Das einfachste und wichtigste Hülfsmittel bei der Maschine ist das Schwungrad. Es nimmt die Kraft, die augenblicklich erzeugt wird, aber noch nicht zur Aeußerung kommen kann, in sich auf, um sie im geeigneten Momente, wenn es an Kraft fehlt, abzugeben. Sammeln im Ueberfluß, um dem Mangel abzuhelfen, ist der Gedanke dieser Kraftregulirung.

Auf Neuheit kann er keinen Anspruch machen, ein altes deutsches Sprüchwort nennt ihn bereits und in Kindergeschichten von der fleißigen Ameise und Biene spielt er eine große Rolle.

Längst ist er bei anderen Gewerben tief eingebürgert und solide Actiengesellschaften, deren Vertreter nicht die Ausplünderung der Actionaire zu ihrem Privatgeschäfte machen, sondern denselben eine dauernde in möglichst geringen Differenzen fortlaufende Rente zahlen wollen, haben ihn mit glücklichstem Erfolge in die Praxis übersetzt.

Der Gedanke verlangt zu seiner Verwirklichung, daß der Nutznießer nicht die Rente, wie sie fällt, aufzehrt, sondern sich im Beginn der Wirthschaft mit einem kleineren Betrage begnügt, den Rest aber zu einem Hülfsfonds aufsammelt.

Betrachtet man die Jahreserträge genau, so wird man immer finden, daß einzelne Posten nicht als jährlich wiederkehrende, gewöhnliche, sondern als außergewöhnliche zu betrachten sind; auf die letzten hat der Nutznießer eigentlich kein Anrecht, sie müßten zurückgelegt werden bis zu ihrer wirklichen Fälligkeit. Schon aus diesem Gesichtspunkte rechtfertigt sich die Bildung eines Reservefonds. Wir wollen auf die Sache noch etwas näher eingehen.

§ 19.

Die Einnahmen setzen sich zusammen aus dem Erlöse für die Holz- resp. Rindennutzung und demjenigen aus den Nebennutzungen. Die Holznutzung ihrerseits trennt sich nach Haupt- und Vornutzung.

Zur Hauptnutzung rechnen wir zunächst dasjenige Material, was zum Zweck der Verjüngung gehauen wird. Es ist dabei gleichgültig, welche Methode für dieselbe angewandt wird, ob künstliche Verjüngung durch Saat oder Pflanzung mit Räumung durch einen Hieb, ob Vorverjüngung oder natürliche Besamung mit mehr oder minder verlangsamter Ernte, ob es sich nur um einen vorbereitenden Hieb oder den eigentlichen Samenschlag handelt. Die beabsichtigte Verjüngung drückt dem Hiebe den Stempel des Abschlusses auf.

Zur Hauptnutzung ist ferner zu rechnen jeder Hieb, der den Betrag der Ernte bei der Verjüngung verringert. In den preußischen Staatsforsten rechnet man deshalb dahin alles Material, welches für die erste Periode angesetzt ist. Dasselbe ist für die Berechnung des Abnutzungssatzes in Ansatz gebracht und wird es nicht bei der Hauptnutzung gebucht, so verschiebt man die Unterlagen der Berechnung und kann füglich nicht verlangen, daß Hiebsresultat und Schätzung sich später decken. Jeder Windwurf, jeder Käferstamm, jeder aus Altersschwäche eingegangene Baum, wenn er in einem Bestande der I. Periode stand, gehört also bestimmt zur Hauptnutzung, während bei den übrigen Beständen eine weitere Erwägung Platz greift.

Wenn aus geschlossenen jungen Orten Stämme absterben oder vom Winde geworfen werden, so kann die augenblicklich gebildete Lücke durch vermehrten Zuwachs der Nachbarn sehr schnell zugezogen werden, der Ort bleibt geschlossen und tritt mit vollem Ertrage in das Alter der Haubarkeit. Von den Tausenden Stämmen, die das jüngere Holz hat, finden wir im Alter kaum soviel Hunderte. Die fortwährende Stammzahlverringerung liegt in der Natur der Sache. Es kann daher auch nicht jeder Stamm, der aus dem

Walde kommt, zur Hauptnutzung gezählt werden, sondern nur dann, wenn der Bestand bereits so lückig ist, daß jede weitere Stammzahlverminderung auch einen weiteren Theil des Bodens unproductiv macht. Wo die Grenze der Hauptnutzung zu ziehen ist, kann nur schwer gefaßt werden und jede getroffene Bestimmung wird, wie sie ihre Verfechter hat, so auch ihre Angreifer haben.*)

Unbedingt zur Vornutzung sind dagegen zu rechnen die Erträge aus planmäßigen Durchforstungen und Hauungen zum Zwecke der Bestandspflege.

Der Holz- und Rindennutzung steht gegenüber die Nebennutzung aus dem Walde. Auch sie ist eine principiell verschiedene, die eine kann jährlich und ohne jeden Nachtheil bezogen werden, wie z. B. die Einsammlung der Waldbeeren, eine andere schädigt den Bestand, sobald sie zur jährlichen Nutzung wird, wie das z. B. bei der Streuwerbung der Fall ist. Eine dritte, z. B. die Entnahme von Steinen, ist als eine nachhaltige überhaupt nicht anzusehen.

§ 20.

Es fragt sich nun, welche Einnahmequellen sind derartig, daß sie als rentenmäßige zu rechnen und dem Nutznießer ohne Weiteres zu überlassen sind, welche dagegen sind als extraordinäre zu behandeln? Letztere werden in irgend einer Weise die Rente, wenn auch nicht sofort, so doch später nachtheilig beeinflussen, das Waldwerthscapital verringern und müssen eigentlich zur Amortisation desselben verwendet werden.

Als rentenmäßige sind zu betrachten: Die Erträge aus der Hauptnutzung, soweit diese sich in dem Rahmen der Nachhaltigkeit begründet, auf Flächenabnutzung bewegt, ferner der Erlös aus den planmäßigen Durchforstungen, weiter der Ertrag aus den abge-

---

*) Die Preußische Controlbuchs-Anleitung bestimmt, daß die Holznutzungen zur Vornutzung zu rechnen sind, welche in Folge von Waldbeschädigungen eingehen, ohne jedoch zu einer Bestandsergänzung zu nöthigen und ohne die vorausgesetzte Hauptnutzung um mehr als 5% zu schmälern.

Ich bin kein Verfechter dieser Bestimmung, meine vielmehr, daß es zweckmäßiger ist, wenn für jeden Ort bei der Taxation bestimmt wird, wieviel Masse er an Vornutzung liefern kann, jede Ueberschreitung dieses Quantums gehört zur Hauptnutzung.

storbenen, getödteten, geworfenen und gebrochenen Stämmen — also aus dem sog. Totalitätshiebe — soweit dadurch nur die natürliche Stammzahlverminderung herbeigeführt wird, endlich die Nebennutzungen, die in keiner Weise die Substanz des Waldes schädigen.

Dagegen können nicht von dem Nutznießer als rentenmäßig beansprucht werden die Erträge, die aus zu großen Kahlhieben stammen. Wie häufig geschieht es, daß nach Vollendung der planmäßigen Nutzung gerade an den Schlaglinien durch den Sturm weite Lücken gerissen werden, Lücken, die oft die Größe des Schlages und mehr erreichen. Die aus diesem Holze gelösten Beträge gehören unbedingt nicht mehr in die Jahresnutzung hinein, sie bilden vielmehr einen Vorgriff, der erst ausgehändigt werden kann, wenn die fortschreitende Zeit weitere Flächen für die Abräumung zur Disposition stellt, auf die sie angerechnet werden können.

Wenn für eine Eisenbahn, die durch den Wald gelegt wird, Abräumungen stattfinden müssen, so kann man insofern zweifelhaft sein, ob der Erlös nicht preisgegeben werden muß, als ja die Fläche künftig überhaupt herausfällt aus der Waldnutzung, auf der anderen Seite aber ist zu beachten, daß die Fläche bei Aufstellung der Nachhaltigkeitsberechnung mit einbegriffen war und daß der Flächenetat deshalb größer ist, als er nach Abzug des Eisenbahnterrains factisch sein dürfte. Damit lösen sich die Zweifel und der Ertrag muß dem Nutznießer z. B. vorenthalten werden.

Es können ferner nicht als rentenmäßige Einnahmen behandelt werden die Totalitätshiebe, die über das Maß der oben beschriebenen Stammzahlminderung hinaus gehen und die volle Ausnutzung der Bodenfläche für die Holzproduction verhindern.

§ 21.

Wer die Reihe dieser Nutzungen und die ausgesprochenen Unterscheidungsmerkmale übersieht, der wird sich nicht verhehlen können, daß die Trennung eine außerordentlich schwierige und die Theorie auch hier etwas grau ist.

Da wir alle Complicirtheiten vermeiden wollen, so lassen wir sie auch für die Praxis ganz und gar fallen und versuchen auf einfacherem Wege fortzukommen.

Wir hoffen das zu erreichen durch die Annahme folgender Grundsätze:

1. Die fällige Rente aus dem Walde wird dadurch ermittelt, daß man aus den Resultaten der Wirthschaft die Nettoeinnahmesumme ermittelt, die auf die Einheit der abgetriebenen Fläche entfällt. Dieselbe wird dann zum Zwecke der Reservefondsbildung um einen gewissen Procentsatz verringert. Das Maß der Verringerung kann verschieden sein, ist aber bei Beginn der Wirthschaft eher ein wenig höher, als zu niedrig zu halten. Denn was eingespart wird, läßt sich leicht mobilisiren, ja im Falle der Noth augenblicklich. Und da es zinsbar inzwischen angelegt wird, so ist in keinem Falle ein Verlust mit dem Abzuge verbunden.

Den zu Gunsten des Reservefonds verringerten Reinertrag multipliciren wir mit der Jahresschlagfläche und erhalten damit den normalen Reinertrag. Dieser ist im Anfang der Wirthschaft der Rente gleich. Später wird zur Ausgleichung von Mindererträgen der Reservefonds herangezogen.

2. Alle Ueberschüsse — mögen sie nun aus Flächenvorgriffen oder günstigem Verkauf stammen — fließen zu dem Reservefonds, aus dessen Beständen dafür aber auch Ausfälle zu decken sind.

3. Der Hieb kann ebenso gut jährlich, wie aussetzend geführt werden. Die Geldrenten sind hingegen stets jährlich zu beziehen. Wir haben deshalb unter Nr. 1 gleichmäßig den Reinertrag pro Hektar mit der Jahresschlagfläche multiplicirt, gleichviel ob der Betrieb jährlich oder aussetzend ist. Dasselbe Resultat erlangt man natürlich, wenn man den Reinertrag pro Hektar mit der Hiebsfläche des Intervalles multiplicirt und das Product durch die Zahl der Jahre des Intervalles dividirt.

4. Die Rente ist als Nettorente zu verstehen. Es ist das nothwendig, weil sonst der Nutznießer für sich nicht den angestrebten gleichmäßigen Betrag zur Disposition erhält, vielmehr in manchen Jahren sehr viel, in anderen sehr wenig, letzteres z. B. dann, wenn der Hieb durch Calamitäten sehr umfangreich geworden ist und natürlich mit den Einnahmen auch die Ausgaben gewachsen sind. In anderen Jahren, wo die Vorgriffe eingespart werden, sind hingegen die Betriebskosten gering und beanspruchen nur einen verhältnißmäßig geringen Theil der Rente.

§ 22.

Es dürfte vielleicht angemessen sein, gleich hier näher die Vortheile des Systems zusammenzustellen.

Sie machen sich vor allen Dingen in der Befreiung der Wirthschaft von der sehr lästigen Verpflichtung geltend, jedes Jahr, auch in dem für den Holzverkauf allerungünstigsten, doch eine bestimmte Einnahme zu gewähren — den Geldetat zu erfüllen. Wie ich schon vorhin andeutete, führt das nur zu oft dahin, daß man schönes werthvolles Holz, welches man unter allen Umständen los wird, auf den Markt bringt, während es doch das allein Richtige ist, damit zu warten, bis die Zeiten und Preise sich gebessert haben.

In guten Zeiten sind fast überall die Erträge höher, und es ist durchaus nicht erforderlich, daß dann auch der Forst mehr zum Verbrauch abliefert als gewöhnlich, wohl aber ist es sehr empfindlich, wenn bei wirthschaftlichem Niedergang zu allen Ausfällen auch noch die „sichere" Forstwirthschaft mit Einnahmen hinzutritt, die gegen die Erwartung zurückbleiben.

Wir dürfen ferner Folgendes anführen: Gute Conjuncturen können mitunter nicht voll ausgenutzt werden, weil die Rücksicht auf die Zukunft den Wirthschafter bindet. Da heißt es: ja hier können wir nun nicht mehr hauen, es bleibt uns sonst von dem guten Holze zu wenig, wovon sollen wir den Etat in anderen Jahren erfüllen? Der Einnahme-Ueberschuß wird ja einfach consumirt, als gute Prise erklärt und ist nicht auf schlechte Jahre übertragbar. Nehmen wir das Princip der gleichmäßigen Renten an, so kann der Forstverwalter ohne Bedenken, die Conjunctur benutzend, sein bestes Holz einmal ausschließlich auf den Markt bringen, in anderen Jahren aber, wo Nutzholz wenig gefragt ist, den Hieb in Brennholzschlägen führen.

Ja, ich meine, daß die Ausnutzung einer Conjunctur selbst über das zulässige Flächenabnutzungssoll hinaus *ausnahmsweise* gestattet und nicht als liederliche Wirthschaft angesehen werden kann, denn nur diejenige Wirthschaft ist liederlich, die, gute Zeiten voll ausnutzend, nicht an die Zukunft und an magere Zeiten denkt. Wer von den fetten außergewöhnlich hohen Einnahmen nur das verbraucht, was ihm nach dem Durchschnitt der früheren Zeiten zukommt, den Rest aber zurücklegt und den Rentenbezug erst dann steigert, wenn er sieht, es kann nachhaltig geschehen, der verdient in vollem Maße den Namen eines guten Wirths.

§ 23.

Als einen wesentlichen Vortheil sehe ich es ferner an, daß das ganze System der Abschätzung ein außerordentlich vereinfachtes sein kann.

Jede specielle Massenschätzung fällt fort. Der Zweck, dem sie dient, wird ja auf andere Weise erfüllt. Die Nachhaltigkeit ist gesichert durch die Fläche; die Rente, die der Wald zu liefern hat, wird auf einfachem anderen Wege gefunden.

Will man summarisch den Materialertrag kennen lernen, so wird jeder Revierverwalter uns ohne Umstände sagen können, zwischen welchen Grenzen sich der Ertrag pro Hektar bewegt und wie ungefähr unter Berücksichtigung des Verhältnisses, in welchem die Ertragsklassen vertreten sind, der Durchschnitt sich stellt. Dann brauchen wir nur die Fläche mit diesen drei Größen zu multipliciren, um zu erfahren, wie die Hauptnutzung mindestens und höchstens sich stellt und auf welchen Betrag wir im Durchschnitt zu rechnen haben.

Zur Hauptnutzung ist dann nach dem Verhältniß, welches bisher zwischen dieser und der Vornutzung waltete, die Vornutzung hinzuzusetzen, resp., wenn solches nicht bekannt ist, nach allgemeinen Erfahrungen oder nach einer gutachtlichen Schätzung auf Grund des vorhandenen Waldbildes hinzuzufügen.

Wir sind bei der Schätzung der Vornutzung hier fast in derselben Lage, wie bei dem ausführlichsten Massenschätzungsverfahren. Hier wie dort haben wir Näherungswerthe.

Das ganze Resultat wird sich, wie ich fest überzeugt bin, leidlich zutreffend erweisen.

§ 24.

Noch eins möchte ich zu Gunsten unseres Systems geltend machen. Trotz aller anerkennenswerthen Bemühungen, die Lehre von der Waldwerthberechnung auszubilden und das Verfahren in der Praxis zu vervollkommnen, ist doch darin noch mancher dunkle Punkt.

Wälder zu kaufen auf Grund fachmännischer Taxen ist noch immer wesentlich vortheilhafter, als auf Grund derselben Wälder zu verkaufen.

Waldcapital und Rente sind oft nicht klare Größen und namentlich läßt die eine nicht einen Schluß auf die andere zu. Das liegt in allgemeinen und speciellen Verhältnissen begründet.

Die Waldrente ist eine Größe, die unter Voraussetzung eines normalen Altersklassenverhältnisses mit dem Umtriebe steigt. Allmählich verliert aber die Erhöhung des Umtriebes den Einfluß, die Rente steigt wenig, endlich kommt sie, wahrscheinlich für längere Zeit, zum Stillstande, dann fällt sie.

Dieselbe Rente wird also, wenn sie nicht gerade das Maximum darstellt, bei zwei Umtrieben gefunden, einem, der vor der Culmination, einem anderen, der hinter derselben liegt.

Jetzt wächst aber das Waldvorrathscapital — wieder unter Voraussetzung eines normalen Altersklassenverhältnisses — mit steigendem Umtriebe stets. Es gehören also zu den gleichen Renten, selbst unter ganz normalen Verhältnissen, ein größeres und ein kleineres Vorrathscapital, zum Maximum der Rente eine ganze Reihe von solchen, mithin auch ganz verschiedene Waldwerthe. Und der Käufer, der nach der Capitalisirung der Rente kauft, kann ebenso gut ein mäßiges, wie ein vortreffliches Geschäft machen. Sehr häufig und namentlich früher bei den hohen Umtrieben wurde mit der kleinen Rente das größere Capital gekauft. Nach dem Kaufe löste sich dann sehr oft das Räthsel in der bekannten Weise: Der Käufer schlägt aus dem Walde den Kaufpreis durch Hieb des überschüssigen Vorrathes und bezahlt den Verkäufer mit dem eigenen Fett.

Vorhin wurde gesagt, daß das unklare Verhältniß zwischen Rente und Capital auch in speciellen Verhältnissen begründet sei. Der Kobold der Nachhaltigkeit ängstigt nämlich den Taxator und die Wirkung ist, daß die Massenschätzung etwas gedrückt wird. Besser, man findet mehr bei der Ernte, als daß die Elle länger ist, als der Rock. Dieser für die fortzuführende Wirthschaft ja vernünftige Grund paßt aber nicht für die aufzulösende.

Die Materialrente und dadurch auch die Geldrente sind zu niedrig bemessen gewesen, sie sind nicht voll genutzt und alljährlich ist ein Stück davon zum Capital gegangen. Bei der Capitalisirung der Waldrente wird das dann nicht berücksichtigt und wieder ist der Käufer im Vortheil.

Bei einer Waldwirthschaft nach unserem Systeme ist vor allen Dingen ganz klar, welchem Ziele durch die Flächennutzung hinsichtlich des Umtriebes zugestrebt wird.

Es ist ferner klar die Rente, zunächst in dem Theile, den der Nutznießer als aufzuzehren erhält und hinterher durch eine einfache Berechnung aus der Höhe des Reservefonds und der Zahl der Jahre, die zu seiner Ansammlung verging, auch in dem Theile, der als erspart zurückgelegt wurde. Endlich wird durch einen Vergleich der factischen Flächenabnutzung mit dem Soll feststellbar sein, ob die Wirthschaft sich innerhalb der vorschriftsmäßigen Ziele bewegt hat oder nicht. Danach ist eine Correctur der bis dahin berechneten Rente ausführbar.

Gleich schwierig bleibt natürlich hier wie bei dem System der auf Massenschätzung basirten Rente die Frage, ob der Umtrieb vor oder hinter der Culmination steht, indessen wird sich in der Folge zeigen, daß das Sinken nach der Culmination erst ziemlich spät eintritt, so daß wohl nie für Wälder, wie sie hier ins Auge gefaßt sind, die Umtriebszeit hinter dem Maximum liegt. Wir können daher getrost die Culmination der Rente als hinter dem festgesetzten Umtriebe liegend betrachten.

Es ist dann auch der Capitalisirungswerth der vollen Rente wirklich ein Anhaltepunkt für den Werth des Waldes und es ist etwas erreicht, was bisher nur in den seltensten Fällen und zufällig statt hatte.

Gern will ich zugeben, daß auch dieses System seine Schattenseiten hat. Jedes auf der Welt ist ja nun einmal damit behaftet, aber ich glaube ganz sicher, daß die Summe der Uebelstände hier überhaupt geringer ist. Auch rechne ich es als Vortheil, daß man nicht Jahre lang Taxation zu studiren braucht und Dutzende von Abschätzungswerken durchgearbeitet haben muß, um über alle Winkel und Gänge des complicirten Gebäudes orientirt zu sein.

II. Theil.

Die Feststellung des Betriebsplanes.

Capitel I.

Eintheilung und Vermessung des Revieres.

§ 25.

Die Instruction zur Ausführung des Gesetzes vom 14. August 1876, betreffend die Verwaltung der den Gemeinden und öffentlichen Anstalten gehörigen Holzungen in den östlichen Provinzen, bestimmt: (cfr. Anhang) den zur Aufstellung des Betriebsplanes erforderlichen Vermessungs-Arbeiten sind die vorhandenen Forstkarten, wenn sie für die Zwecke der Betriebsplan-Aufstellung brauchbar sind, sonst die Kataster- oder vorhandenen Separationskarten zu Grunde zu legen.

Aus den Kataster-(Separations-)karten ist der Umring der Waldungen und das für die Betriebsregelung verwendbare Vermessungsdetail, wie Straßen, Flüsse, Eisenbahnen zu copiren.

Bis dahin wollen wir das Programm annehmen, die weiteren Schritte aber näher, als in der Instruction geschehen ist, detailliren.

Mit den Copieen hat der Taxator in den Wald zu gehen, um zu constatiren, ob die sämmtlichen Straßen, Wasserläufe, Eisenbahnen bereits auf der Karte stehen oder ob noch Ergänzungen nöthig sind. Jedenfalls muß die Karte diese Haupttrennungslinien sämmtlich enthalten.

Wir haben uns dann zu einigen über die weiteren Linien, die als wirthschaftlich trennend angenommen werden können. Auch sie gehören in die Karte hinein.

Es sind

1. alle ausgebauten Holzabfuhrwege,
2. jede von einer der bis dahin verzeichneten Linien ausgehende aufgehauene gerade oder nicht gerade verlaufende Schneiße, soweit dieselbe fahrbar ist. Schneißen, die nicht fahrbar sind, haben für die wirthschaftlichen Trennungen nur sehr wenig oder gar keinen Werth und können daher außer Acht bleiben.

Es sind also die Straßen im weitesten Sinne des Wortes, die wir für die Eintheilung berücksichtigen.

§ 26.

Die bis jetzt in die Karte eingetragenen Linien sind der Regel nach Grenzen von Wirthschaftsfiguren, das sind Flächen, die eine möglichst gleichartige Behandlung und gleichzeitige Einlegung von Wirthschaftsmaßregeln erfahren. Nur in ganz wesentlich begründeten Ausnahmen sind die Linien nicht als Trennungen aufzunehmen.

Bei energischem Festhalten dieser Grundsätze wird uns die volle Sicherheit, daß das Wegenetz, welches im Walde vorhanden ist, auch wirklich von der Wirthschaft in vollem Maße ausgenutzt wird. Es bieten sich zugleich wesentliche Vortheile für die Abfuhr des Holzes, denn jeder Weg, der mitten durch eine Wirthschaftsfigur hindurchführt und über den die Holzschläge fortgehen, nutzt wenig und keinenfalls soviel wie ein anderer, begrenzender Weg. Der Schlag nämlich wird von dem Fuhrwerk nach allen Richtungen hin befahren, gleichviel ob ein Weg da ist oder nicht. Durch den Hieb ist er eben fahrbar geworden. Wege, die mitten durch den Schlag gehen, bieten daher wohl die Annehmlichkeit, daß die Angriffspunkte, von denen aus der Schlag geräumt werden kann, vermehrt werden, daß das Rücken des Holzes, wo es nöthig ist, auf kürzere Strecken erfolgen kann; dasselbe vermag man aber auch zu erreichen, indem man irgend welche Linien des Schlages frei läßt und an diese heranrückt. Liegt der eigentliche Abfuhrweg auf der Grenze, so bietet er zweimal den Vortheil der Benutzung, einmal für den Schlag rechts, das zweite Mal für den links von ihm. Geht er durch die Figur hindurch, so wird meistens der Hieb zu beiden Seiten des Weges geführt und er hilft nur einmal.

Die gedachten Linien eignen sich sodann aber auch deshalb vortrefflich zu Figurgrenzen, weil die an ihnen stehenden Stämme meistentheils dem Wind und Wetter zu trotzen vermögen. Die Lichtstellung, die ihnen zu Theil geworden ist, hat sie stärker gemacht, ihre Beastung geht tiefer herab, die Wurzeln streichen weit aus und geben dem Stamme festen Halt, an dem der Sturm vergebens rüttelt. Sie bieten Vertheidigungslinien, die der Wirthschafter vertrauensvoll benutzen darf, ja m. A. nach benutzen muß.

§ 27.

Eine Folge unseres Grundsatzes ist die, daß die Wirthschaftsfiguren fast ausnahmslos keine regelmäßigen Formen erhalten und selten annähernd gleiche Größe besitzen. Das ist aber für die fast überall im Walde obwaltenden Verhältnisse durchaus kein Nachtheil, sondern wohl in den meisten Fällen ein wesentlicher Vortheil. Selbst in Revieren von sehr ebener Lage lassen sich gegen die regelmäßige Eintheilung in Rechteckjagen die allererheblichsten Einwände machen; ja ich behaupte, es giebt nur sehr wenig Reviere, wo das Verlassen der starren Durchführung Nachtheile bringt. Kein Waldterrain ist so gleichmäßig, daß die geraden Linien nicht auf sumpfige Stellen, schiefe Ebenen, Bäche, Seen, Entwässerungsgräben u. a. dgl. stoßen sollten, überall muß dann der Verkehr abweichen von der geraden Linie und dem Terrain folgen. Gewiß ist unsere Eintheilung für die Jagd nicht mehr so bequem wie die alte. Wir haben ja da aber schon mit Vielem brechen müssen, warum nicht auch mit dem Satze, daß das Jagen den Grundrahmen für die Forstwirthschaft und deren Betrieb abgeben soll.

Was für den Verkehr brauchbar ist von den alten, dem Publikum bekannten Wirthschaftslinien, ist zu erhalten und wird auch nach den besprochenen Grundsätzen erhalten.

Man kann nun zweifelhaft sein, ob die Größe der Figuren, die unter Umständen herauskommen kann, eine richtige ist.

Als Thatsache muß hingenommen werden, daß die Figuren sehr verschieden sind. Es kann zutreffen, daß von unseren Trennungslinien Flächen vollständig umrahmt werden, die kaum die Größe eines Hektars haben. Soll man dann auch diese als selbstständige Größen betrachten? Ich stimme unbedingt dafür, denn sie sind durch ihre Begrenzung factisch selbstständig und noch dazu Glieder der Wirthschaft, denen eine große Beweglichkeit inne wohnt. Sie öffnen meistentheils bei ihrer Fortnahme keine gefährdete Seite eines anderen Bestandes und das Material ist leicht herauszuschaffen, weil es überall an Verkehrsstraßen liegt.

Neben sehr kleinen können wir möglicherweise, wenn wir nichts weiter an Trennungslinien aufnehmen wollten, als die bisher genannten, auch sehr große Wirthschaftsfiguren erhalten, d. h. solche, die nicht innerhalb einer Periode zum Hiebe und zur Verjüngung gelangen. Diese müssen getheilt werden, denn die Maximalgröße einer Wirthschaftsfigur ist unbedingt die der Periodenschlagfläche. Alle übrigen großen Figuren könnte man beibehalten, indessen ist es aus vielen zur Genüge bekannten Gründen rathsam, die Flächen nicht über ein zu großes, je nach den Verhältnissen verschiedenes und daher in jedem Falle besonders festzusetzendes Maß hinausgehen zu lassen.

§ 28.

Wird eine weitere Theilung vorgenommen, so sollen wir dabei stets die Verkehrsverhältnisse im Auge behalten und deshalb in erster Reihe solche Linien wählen, die dem Verkehre, wenn auch nicht gleich, so doch später, dienen werden.

Wir hatten vorhin die vorhandenen Schneißen benutzt, soweit sie fahrbar sind. Es wird jetzt darauf ankommen, die Linien, wenn sie ohne Verbindung abbrechen, weiter zu führen, und das muß so gemacht werden, daß die Hindernisse, wo es nur irgend möglich ist, umgangen resp. fortgeräumt werden, so daß der Verkehr aus der weiteren Eintheilung neue Vortheile ziehen kann.

Sehr häufig läßt sich nach dieser Richtung mit wenig Mitteln viel erreichen: die schiefe Ebene, welche dem Wagen besonders gefährlich ist und ihn zum Umwerfen bringen kann, läßt sich oft durch Bewegung geringer Erdmassen so verbessern, daß die Gefahr gehoben ist; der steile Abfall eines Hügels im Flachlande ist ebenfalls meist corrigirbar; Gräben können überbrückt, Gruben ausgefüllt werden. Der Sumpf, der die gerade Linie unterbricht, will natürlich, wie auch andere Terrainhindernisse energischerer Natur, umgangen sein.

Wie da zu operiren ist, muß in jedem Einzelfalle besonders entschieden werden und die specielle Lehre von der Eintheilung der Reviere und dem Waldwegebau wird helfend und rathend zur Seite stehen. Hier kann es nur darauf ankommen, das Grundsätzliche in der Behandlung der Sache auszusprechen und das geht dahin: Jede Linie, die Wirthschaftsfiguren begrenzt, soll entweder eine Verkehrslinie sein oder doch wenigstens die Möglichkeit bieten, sie in eine solche umzugestalten.

Ausnahmen davon müssen so beschaffen sein, daß sie die Regel bestätigen.

Ein bestimmtes Maß für die Größe der Wirthschaftsfiguren anzugeben, vermeiden wir absichtlich. Bis zu einem gewissen Grade ist, wie aus dem vorher Vorgetragenen erhellt, die Größe relativ und zwar abhängig von der Größe des ganzen Revieres.

Ein Wald von 100 ha Größe, den wir im 80jähr. Umtriebe in acht Perioden bewirthschaften wollen, kann nicht in Wirthschaftsfiguren von 20 ha eingetheilt werden, 10 ha sind schon sehr erheblich.

In einem anderen Falle bei größerem Areale mit gleichmäßigen Bestands- und Standortsverhältnissen ist dagegen vielleicht die Größe von 20 ha als klein anzusehen.

§ 29.

Als eine Folge obiger Grundsätze erscheint es, daß nur dann, wenn es sich mit den Rücksichten auf den Verkehr verbinden läßt, auch den Bestandsverhältnissen bei Abgrenzung der Wirthschaftsfiguren Raum zu gewähren ist. Im Uebrigen müssen sie zurücktreten. Wir halten es für wenig nachtheilig, wenn hierdurch einmal auch ein größeres Stück von jüngerem Holze mit altem zusammengeworfen wird oder mit dem Nadelholze Laubholz der Art verfällt.

Die Eintheilung nach den Terrainverhältnissen und den vom Verkehre festgelegten Linien hat, weil sie sich auf Dauerndes stützt, stets größeren Werth, als diejenige nach den vergänglichen und durch die Wirthschaftsdispositionen veränderbaren Bestandsbildern.

§ 30.

Ist nun die Eintheilung des Revieres nach Wirthschaftsfiguren erfolgt, so sind die neu gewonnenen Trennungslinien nach Messung in die Karte einzutragen. Sodann ist die Aufnahme derjenigen Linien innerhalb einer Wirthschaftsfigur nothwendig, welche die Grenze bilden von Beständen verschiedener Holzarten oder innerhalb derselben Holzart von solchen mit wesentlich verschiedenem Alter.

Es ist hierbei auf das Wort „Bestand" ein besonderes Gewicht zu legen. Es sollen nicht etwa herausgemessen werden alle kleinen Stücke mit einer Holzart, die von der des Hauptbestandes abweicht — das fällt unter den Begriff der Mischung — sondern vielmehr nur solche Stücke, die wirklich dem technisch gebildeten Auge sich als Bestand repräsentiren.

Sollen wir ein Flächenmaß angeben, so würde ein Hektar zu nennen sein.

Für die Praxis können wir die Regel geben: man gehe hinein in den Ort und wenn man dann überall hin den Hauptbestand noch sieht, so unterbleibt die Herausmessung, verschwinden aber die Grenzen derselben, so nimmt man die Vermessung vor.

Diese besonders herausgemessenen Stücke bilden die Abtheilungen der Wirthschaftsfiguren. Sie werden örtlich dadurch bezeichnet, daß man die Rinde der Grenzbäume platzweise glättet resp. von Flechten und Moosen reinigt und diese Stellen mit weißer Oelfarbe bestreicht.

Endlich werden die Grenzen derjenigen Flächen vermessen und ebenfalls eingetragen, die innerhalb einer Wirthschaftsfigur liegend

1. nicht zur Holzzucht benutzt werden, also z. B. Wiesen, Aecker, Torfbrücher u. dergl.,
2. als Blöße, Räumde oder unfertige Kultur anzusprechen sind.

Wir halten es jedoch für die Aufstellung des Betriebsplanes nicht für nothwendig, auch das Areal der begrenzenden Wege, Gestelle, Triften besonders herauszumessen, ebensowenig wie dasjenige von Nicht-Waldland, welches durch den Verlauf der Grenzen von umliegenden verschiedenen Wirthschaftsfiguren umrahmt ist, also zu keiner gehört. Denn die Vermessung hat den Zweck, die Betriebsfläche des Waldes zu ermitteln. Was nicht dazu gehört, braucht nur insoweit berücksichtigt zu werden, als es in anderen Größen steckt und von diesen abgezogen werden muß. Daher ist also eine innerhalb einer anderen liegende Figur von nicht zur Holzzucht benutztem Boden herauszumessen und kann die nur begrenzte außer Acht gelassen werden.

§ 31.

Wenn wir nach Vollendung dieser Arbeiten an die Flächenberechnung der Figuren gehen, so können wir abtheilungsweise zwei Hauptrubriken unterscheiden, nämlich

zur Holzzucht nicht bestimmte,
zur Holzzucht bestimmte Flächen.

Wir wollen aber bei letzterer noch weiter trennen nach

a) bestandenen Flächen,
b) unfertigen Kulturen.
c) Räumden und Blößen,

Die Ausscheidung dieser Flächen, ihre Vermessung und Kartirung ist daher unsere nächste Aufgabe, und nachdem sie erfüllt ist, wird die Berechnung der rubricirten Flächen mit dem Polarplanimeter vorgenommen.

Wir wählen diese, weil sie am schnellsten geht, einfach ist und hinreichende Genauigkeit ermöglicht.

Auch mag hier gleich noch auf Eins aufmerksam gemacht werden: die berechneten Flächen enthalten aus irgend welchen Gründen Fehler, es werden ferner die später im praktischen Betriebe gemachten Angaben über die Flächengröße der einzelnen Schläge ebenfalls Fehler enthalten und schließlich werden fast nie Flächenabnutzungs-Soll und -Ist in Uebereinstimmung sein.

Ein Flächenfachwerkssystem muß mit diesem Umstande rechnen und es sind deshalb im Controlbuche Vorkehrungen getroffen, die den Fehler der Flächen in den Wirkungen eliminiren.

Die Einrichtung unseres Controlbuches (cfr. Theil IV.) ermöglicht es auch, selbst solche Kartenwerke zur Grundlage zu benutzen, die nicht ganz sicher sind. Das angewendete Mittel ist sehr einfacher Natur und besteht darin, daß man bei der Schlagausmessung denselben Fehler rückwärts macht, den man vorwärts gemacht hat.

Ist eine Figur zu 9 ha berechnet und haben die ersten Schläge die Größe von 8 ha rechnungsmäßig verbucht, so tritt der Rest, gleichviel ob er mehr oder weniger enthält, mit 1 ha in Rechnung und gleicht Flächenabnutzungs-Soll und -Ist wieder aus.

Gewiß könnte bei anderen Systemen eine solche Behandlung Uebelstände hervorrufen, namentlich die Nachhaltigkeit gefährden, hier geschieht es nicht, weil Materialnutzung und Geldwirthschaft vollständig getrennt sind. Ist ein Vorgriff in Folge falscher Messungen entstanden, so ist auch wahrscheinlich mehr Geld aufgekommen, als die rechnungsmäßige Rente, und für das schließliche Flächenmanco hat der Reservefonds ein Plus, aus dem die zu kleine Einnahme des letzten Jahres bis zur Rentenhöhe vergrößert werden kann.

§ 32.

Die Wirthschaftsfiguren werden in sich nicht weiter als geschehen zerlegt, sie treten aber zusammen zunächst zu Waldorten und diese zu Blöcken.

Ein oder mehrere Blöcke setzen den Schutzbezirk zusammen, ebenso wie ein oder mehrere dieser letzteren den ganzen Waldbesitz.

Es sind daher die Grenzen des ganzen Waldes oder diejenigen der größere Abschnitte umfassenden Theilung Grenzen der Untertheilung, also z. B. die Grenzen eines Schutzbezirks sind zugleich auch Grenzen, die zu einem oder mehreren Blöcken gehören, ebenso wie sie Waldorts- und Wirthschaftsfigurengrenzen sind. Die Grenze eines Blockes ist auch solche für Waldorte und Wirthschaftsfiguren.

Die Fragen bezüglich der Haupteintheilung sind unmittelbar nach Abmessung der Wirthschaftsfiguren zu lösen und beschäftigen uns demnach jetzt gleich.

§ 33.

Ein Schutzbezirk soll so groß bemessen sein, daß der Beamte durch Hauungen, sowohl in den Hauptnutzungsschlägen, wie bei den regelmäßigen Vornutzungen, durch die Kulturen und durch den Holzvertrieb, durch Wegebauten, kurzum durch den Betrieb eine fast ausreichende Beschäftigung findet. Dieselbe wird eine volle dadurch, daß ihm auch noch der Forstschutz übertragen wird. Hier muß ihm aber zu gewissen Zeiten in gefährdeten Revieren eine besondere Hülfe beigegeben werden. Die Ausübung des Forstschutzes erfordert sehr verschiedene Arbeitszeit, bald mehr, bald weniger. Im Frühjahr, wo in Feld und Wald Menschenkräfte verlangt werden, ist ein Schutz kaum nöthig, ebenso wie mit Beginn und Verlauf der Ernte. Anders wird es, wenn mit Eintritt des Winters die Arbeiten der Landwirthschaft ruhen, der Handwerker nicht mehr viel zu thun hat und die Kälte zum Holzdiebstahl treibt. Dann muß der Wald energisch geschützt werden. Das ist aber zugleich auch die Zeit, wo in der Ebene der forstliche Betrieb voll einsetzt und die Anwesenheit der Förster auf den Schlägen dringend nothwendig ist. Hier muß ihm dann Hülfe gegeben werden.

Die Größe der Schutzbezirke ist wesentlich abhängig von der Lage des Waldes. Ist derselbe gut arrondirt, so kann ein größeres Areal genommen werden, als wenn derselbe in langem, schmalen Bande dahinläuft oder mit Ackerstücken überall im Gemenge, oder endlich in Parcellen weit auseinander liegt.

Unter günstigen Verhältnissen kann die Größe, wie die Erfahrung lehrt, bis zu 1000 ha bemessen werden, in besonderen Fällen vielleicht noch höher gehen. Für die Minimalgrenze kann aus leicht erklärlichen Gründen keine Zahl gegeben werden.

Wälder, die so klein und ertragsgering sind, daß das aus ihnen gezogene Einkommen nicht ausreicht, um einen Forstschutzbeamten zu bezahlen und die Kosten der Etablissements-Unterhaltung zu bestreiten, müssen sich selber schützen, oder es muß Seitens der Gemeinde, wenn sie solcher gehören, ein freiwilliger Forstschutzdienst eingerichtet werden, vielleicht in ähnlicher Weise, wie der ständige Dienst bei den so segensreich wirkenden freiwilligen Feuerwehren.

Die Größe ist ferner abhängig von der Art des Betriebes. Der Hochwald und der Niederwald erfordern wohl die geringste Arbeit, die meiste dagegen der hier allerdings nicht in Betracht kommende Plenterwald und diejenigen Betriebsarten, bei denen der Schluß des Bestandes gelockert ist und in der Lockerung erhalten werden soll.

Nicht unerheblichen Einfluß haben meistens die Absatzverhältnisse, sowie auch die Terrainausformung u. drgl. Unter Berücksichtigung aller Umstände ist dann die Frage zu entscheiden, ob überhaupt eine Schutzbezirkseintheilung vorzunehmen ist. Wird sie bejaht, so kommt die Art der Ausführung zur Entscheidung.

Auch hier sind die speciell vorliegenden Verhältnisse maßgebend. Vor allen Dingen ist dabei aber der Absatz und der Verkehr geltend zu machen. Auch für den Verkehr giebt es oft, wie immer für den Abfluß der Gewässer, ganz bestimmte Scheiden. Es ist nothwendig, diese aufzusuchen, denn sie können für die zweckmäßige

Abgrenzung der Schutzbezirke von großem Werthe sein. Die Förster sind meist recht gut darüber orientirt und werden daher manche Auskunft geben können.

§ 34.

Der Schutzbezirk bildet entweder einen Block oder zerfällt in mehrere.

Unter einem Blocke verstehen wir hier ein in sich vollständig geschlossenes und für sich bestehendes Ganze. Die Selbstständigkeit muß soweit gehen, daß es jeden Augenblick aus dem technischen Verbande losgelöst werden kann, daß jeden Augenblick buchmäßig über den Stand der technischen Wirthschaft darin Auskunft gegeben werden kann.

Es werden für jeden Block besonders beantwortet die Fragen
- über die Fläche,
- über den festzustellenden Umtrieb,
- über die Art des Betriebes, ob derselbe jährlich oder aussetzend sein soll.

Es ist ferner für jeden Block besonders aufzustellen der Betriebsplan und das Controlbuch, soweit es die Flächenabnutzung und den Wiederanbau betrifft.*)

Diese in jeder Beziehung vollständig durchgehende Trennung ist deshalb unbedingtes Erforderniß, weil sonst sehr gut in einem Theile des Revieres Vorgriffe bestehen können, während in einem anderen das Ziel noch weit zurück ist. Sie sichert die gleichmäßige, dem Plane entsprechende Abnutzung im ganzen Walde und legt zugleich auch klar, was jeder Beamte zu thun hat und läßt für Jedermann ein Urtheil über den Stand der Abnutzung und den Erfolg des Kulturbetriebes zu.

Maßgebend für die Bildung von Blöcken sind vor allen Dingen wieder die Absatz- und Verkehrsverhältnisse.

Jedes besondere Absatzgebiet soll in der Regel auch einen besonderen Block bilden. Daneben sprechen namentlich mit die Holzart, die Betriebsart, auch etwaige Servituten.

Sind Laubhölzer, wie das so oft der Fall ist, vom Nadelholze auf größeren Flächen getrennt, so kann man sehr gut zwischen

*) cfr. Theil IV. § 99. 100. 101.

beiden eine Blocklinie ziehen, dagegen möchte es nicht zu empfehlen sein, einen Block für Laubholz auszuscheiden, wenn dasselbe allerwärts im Walde bald auf kleinen, bald auf größeren Flächen zerstreut liegt.

Die Blöcke werden für das ganze Revier fortlaufend numerirt, so aber, daß jeder Schutzbezirk aufeinanderfolgende Blocknummern erhält.

§ 35.

Waldorte sind Complexe, die aus mehreren Wirthschaftsfiguren bestehen. Sie sollen die Orientirung im Walde erleichtern. Es ist eine alte Erfahrung, daß weit eher die Benennung mit Namen im Publikum sich einbürgert, als die mit Zahlen und man findet im Munde des Volkes überall eine Menge solcher Ortsnamen schon vor. Vielfach sind sie auch bereits auf die Eintheilung des Forstes angewendet und es muß als durchaus wünschenswerth angesehen werden, daß das ganz allgemein geschieht und daß da, wo die Namen noch fehlen, neue gegeben werden. In erster Linie ist also das Althergebrachte zu beachten. Bei den neuen Namen wird es zweckmäßig sein, die der Wege zu benutzen, und sollten auch diese noch nicht getauft sein, so ist die Taufe vorzunehmen.

Wesentlich wird die Orientirung im Walde erleichtert, wenn in gleicher Weise, wie das in den Städten Vorschrift ist, an jedem Kreuzpunkte die Wegenamen angeschlagen werden. Meistentheils ist ja die Zahl der Wege in jedem Reviere nur eine beschränkte, so daß die Anfertigung weniger Schablonen genügt, um die Straßenschilder anzufertigen. Mit Rücksicht auf die bekannte Zerstörungswuth, die sich an Wegzeigern ausläßt, wird es empfehlenswerth sein, die Brettchen etwa 3,5 m hoch am Baume anzuschlagen. Sie können dann von Strolchen mit den Stöcken nicht gut heruntergeschlagen werden.

Giebt man den Waldorten Namen, wie „am Schäferwege“, „Hinter der Neustädter Straße“ und dergl., so werden sich diese schnell einbürgern. An den Grenzen des Waldes wird man auch die Namen der anliegenden Feldmarken benutzen können, z. B. Hegermühler Hau, Colonieholz u. dergl. Bekannte Bäume, z. B. Königseiche, bunte Buche, vom Publicum gekannte Wiesen, Aecker, Tümpel, die im Reviere liegen, Gehöfte können zweckmäßig benutzt werden, so daß wohl ohne Schwierigkeit sich eine Waldortstaufe vornehmen läßt, die bald vom Publikum durch Anwendung gut geheißen wird. Schwärmerischen Gefühlen darf natürlich nicht nachgegeben werden. Namen wie Laura's Ruhe, Agathen's Ausblick u. dergl. nimmt das Volk selten an; meist werden sie so gründlich verstümmelt, daß man die ursprünglichen kaum noch erkennen kann oder sie werden gar ins Männliche übersetzt, wie z. B.: „dem verliebten Forstkandidaten seine Banke."

Die Theile des Waldorts, die Wirthschaftsfiguren, erhalten, wie vorhin schon erwähnt, eine durchlaufende Numerirung. Diese läuft im Ganzen so, wie man schreibt. Bei regelrechter Orientirung der Zeichnung auf dem Kartenblatte, so also, daß oben Norden, unten Süden liegt, wird in der Nordwestecke angefangen und von Westen nach Osten und nach Süden fortschreitend numerirt. Die Nummern stehen also z. B.:

1.	2.	3.		
	4.	5.		
		6.	7.	8.

§ 36.

Die bisher beschriebenen Arbeiten werden in ihren Resultaten niedergelegt in den Karten und in der Vermessungs-Tabelle.

Diese letztere erhält das nachstehende Formular, was, wie aus dem Beispiel ersichtlich, folgendermaßen ausgefüllt wird.

Block I. fängt an, darunter reihen sich die Waldorte so, daß die Nummerfolge der Wirthschaftsfiguren gewahrt bleibt. Für jede wird angegeben, wieviel in derselben an zur Holzzucht nicht bestimmter und bestimmter Fläche liegt, die letzte Colonne theilen wir, wie angedeutet (§ 31),

a) in bestandene Flächen,
b) unfertige Kulturen,
c) zu kultivirende Räumden und Blößen.

Die Flächengrößen sind mit einer Decimale einzutragen.

Jede Seite wird aufgerechnet und am Ende jeder Blocknachweisung die Recapitulation gemacht, aus der also neben dem ganzen Areale, soweit es vermessen ist, auch die Summen der gemachten Unterschiede hervorgehen.

Vermessungs-Tabelle.

Schutzbezirk Rohrwiese. Block I.

Waldort	Wirthschaftsfigur	Abtheilung	Flächen im Ganzen		Davon zur Holzzucht: nicht bestimmt		bestimmt: bestanden		unfertige Kulturen		zu kultivirende Räumden, Blößen		Sa.	
			ha	dec	ha	dec	ha	dec	ha	dec	ha	dec	ha	dec
An der Rohrwiese	1	.	5	5	.	.	5	5	.	.	.	.	5	5
	2	a	4	4	.	.	4	4	.	.	.	.	4	4
		b	7	0	.	.	7	0	.	.	.	.	7	0
	3	.	13	2	.	.	13	2	.	.	.	.	13	2
	4	a	2	9	.	.	2	9	.	.	.	.	2	9
		b	9	0	.	.	9	0	.	.	.	.	9	0
	5	.	11	4	.	.	11	4	.	.	.	.	11	4
	6	a	2	2	.	.	.	.	2	2	.	.	2	2
		b	2	4	.	.	.	.	.	.	2	4	2	4
		c	6	3	.	.	6	3	.	.	.	.	6	3
Am Chausseehause	7	.	8	0	0	6	7	4	.	.	.	.	7	4
	8	.	11	5	0	4	10	6	0	5	.	.	11	1
	9	a	5	3	.	.	5	3	.	.	.	.	5	3
		b	8	6	.	.	8	6	.	.	.	.	8	6
	10	a	6	3	.	.	6	3	.	.	.	.	6	3
		b	4	8	.	.	4	8	.	.	.	.	4	8
Am Steinweg	11	.	16	0	.	.	16	0	.	.	.	.	16	0
	12	a	4	3	.	.	.	.	4	3	.	.	4	3
		b	8	0	.	.	7	2	.	.	0	8	8	0
	13	.	11	0	.	.	11	0	.	.	.	.	11	0
Kiesgrubenhau	14	a	8	0	0	5	7	5	.	.	.	.	7	5
		b	5	3	.	.	5	3	.	.	.	.	5	3
	15	.	11	5	.	.	11	5	.	.	.	.	11	5
	16	.	14	3	.	.	14	3	.	.	.	.	14	3
An der Berliner Chaussee	17	.	9	8	.	.	9	8	.	.	.	.	9	8
	18	.	13	2	.	.	13	2	.	.	.	.	13	2
	19	.	8	3	.	.	8	3	.	.	.	.	8	3
	20	.	2	6	.	.	2	6	.	.	.	.	2	6
	u. s. f.													
Sa. Bl. I.			876	4	13	4	807	3	34	4	21	3	863	0

Capitel II.

Die Feststellung des Umtriebes.

Unter Umtrieb versteht man diejenige Zeit, binnen welcher unter Einhaltung der planmäßigen Nutzung der Hieb das volle Areal eines Wirthschaftsganzen durchschreitet. Faßt man das Materialcapital des Waldes als ein umlaufendes auf, so ist es also diejenige Zeit, welche dazu gehört, um das Capital einmal vollständig zu verbrauchen und zu erneuern.

Der Begriff des Umtriebes läßt sich in dieser Weise ohne Schwierigkeit feststellen und ist wohl ebenso auch verständlich. Um so schwerer aber ist es, den Theorien zu folgen, die bezüglich der Feststellung dieser Zeit aufgebracht sind und es ist auch nicht zu leugnen, daß diese Materie außerordentliche Schwierigkeiten bietet. So ist es denn leicht erklärlich, daß der Kampf der Meinungen darüber sehr lebhaft ist und daß oft selbst diejenigen, die scheinbar zusammenkämpfen, bei genauer Beleuchtung verschiedene Richtungen verfolgen. Alle beseelt aber ein Streben, ein Gedanke ist es, der Alle, welche an dieser Arbeit theilnehmen, mit gleicher Lebhaftigkeit und Aufrichtigkeit durchströmt, nämlich der, daß der Wald, mag es auf die eine oder andere Weise geschehen, möglichst hohen Nutzen schaffen soll. Ueber die Wege zum Ziel gehen die Ansichten auseinander, der Eine sieht das Heil in der möglichst großen Massenproduction, der Andere in der höchsten Rente, ein Dritter in der vortheilhaftesten Verzinsung des Bodenwerthes; die eine Partei stellt die Massen voran, die andere das Geld.

Für die Waldungen, die hier in Betracht kommen, vereinfacht sich die Frage sehr wesentlich. Wir haben dieselben lediglich als Vermögensobjecte aufzufassen und keinerlei andere Rücksicht spielt hier hinein. Vermögensobjecte sollen ihrem Eigenthümer etwas einbringen und diejenige Wirthschaft, die nachhaltig das höchste Einkommen gewährt, muß, wenn nicht anderes gegen sie spricht, als die vortheilhafteste angesehen werden. Darüber kann absolut kein Zweifel sein. Disputiren ließe sich aber bereits wieder darüber, ob man in Rechnung stellen muß die Brutto- oder Nettorente. Wir vertreten die Ansicht, daß bei *Festsetzung des Umtriebes* in der Regel nur die erstere, also die Bruttorente, in Betracht kommen kann. Unser Streben soll aber jederzeit dahin gerichtet sein, die Ausgaben so zu verringern, daß sie zum möglichen Minimum herabsinken. Dann zieht aller Wahrscheinlichkeit nach die höchste Bruttorente auch das Maximum der Nettorente an sich. Dabei dürfen wir uns jedoch die Eigenthümlichkeit der Forstwirthschaft nicht verhehlen, daß die Ausgaben zum großen Theile unabhängig sind von dem eigentlichen Betriebe. Die Höhe der Besoldung, welche die Beamten beziehen, der Tagelohnsatz für die Arbeiter, der Betrag der Steuern, die zu entrichten sind, hängen von Verhältnissen ab, welche die Waldwirthschaft wenig beherrscht. Einfluß hat sie hingegen auf die Kulturkosten und auf die Kosten der Holzwerbung, aber nur insofern, als sie überhaupt auf Verminderung der von Menschen zu leistenden Arbeit hinzuwirken vermag. So kann sie z. B. die theure Heisterpflanzung verbannen, kann von der Pflanzung zur Saat übergehen, sie kann das Aufarbeiten des Stockholzes, des geringen Reisigs, weil es zuviel Arbeitskraft erfordert und im günstigsten Falle nur wenige Pfennig reinen Ertrag abwirft, als nicht lohnend aufgeben.

Außerhalb des Waldes stehende Verhältnisse wirken jedoch auf die Unkosten weit erheblicher, als die in der Wirthschaft begründeten. Eine Aenderung im System der Steuern, die Möglichkeit, Verwaltung und Schutz der Forsten königlichen Beamten als Nebenamt zu übertragen, neue durchgreifende Erfindungen im Holzverarbeitungsbetriebe werden mehr an der Nettorente ändern, als z. B. die verschiedene Höhe der Umtriebszeit es nur annähernd vermag.

Wir dürfen sodann weiter uns darüber keine Illusionen machen, daß die Umtriebszeit, die wir nach unserem besten Wissen und Willen annehmen, in vielen Stücken ein Ideal bleibt. Fast nirgends ist nämlich das Haubarkeitsalter der Bestände in Uebereinstimmung mit dem Umtriebsalter; überall, wenn wir die Abschätzungswerke durchgehen, finden wir Differenzen, oft sogar erhebliche. Eine Wirthschaft, die, wie die hier vertretene, sich auf die Fläche allein stützt, wird wenigstens allmählich den normalen Verhältnissen zugeführt werden und ist sicher davor, mit ihren Resultaten weitab vom Ziele heraus zu kommen, wie das so häufig bei den mit einem Massenetat operirenden Wirthschaften der Fall ist. Ich kenne z. B. Reviere, in denen bei der Betriebseinrichtung ein hundertjähriger Umtrieb angenommen wurde und demgemäß die Dispositionen getroffen wurden. Nach Ablauf der ersten Periode fand man, daß von den Beständen derselben noch soviel vorhanden war, um damit 4 Jahre lang auszureichen. Der Abnutzungssatz wurde beibehalten und man kam von den 20jährigen nun zu 24jährigen Perioden, von dem 100jährigen auf den 120jährigen Umtrieb und auch für diesen ergaben sich schließlich noch sichernde Reserven.

§ 38.

Es war vorhin gesagt worden, daß wir den Umtrieb in der Regel in den Zeitpunkt der höchsten Bruttorente legen wollten. Wir fügen zur Erläuterung der einschränkenden Worte „in der Regel" noch Folgendes hinzu: Selbst wenn man auf dem Standpunkt der reinsten Geldwirthschaft steht, kann der Umtrieb dennoch nicht nach dieser allein festgesetzt werden; es tritt vielmehr immer noch eine ganze Reihe von Rücksichten hervor, sobald wir die Sache näher betrachten. Die Umtriebszeit ist nicht von einseitigen Verhältnissen und Erwägungen abhängig, sondern stellt sich dar als Product fast aller auf die Wirthschaft wirkenden Einflüsse. Verschieden sind sie natürlich in ihrem Effecte.

Waldbauliche Fragen spielen hinein, wo die künstliche Verjüngung mehr oder weniger ausgeschlossen ist, wie z. B. im Buchenwalde. Da muß das Holz doch mindestens so alt werden, daß es guten, keimfähigen Samen trägt und seine Kronen sich zur Stellung des Samenschlages eignen.

Sie spielen ferner hinein, wo jede Verjüngung als eine schwere Krisis für die Productionskraft des Bodens überhaupt angesehen werden muß, wie z. B. auf steilen Südhängen des Kalkes oder auf dem Sande, der ohne Wald leicht flüchtig wird. Man wird da, wo solche Standorte oft vorkommen, die Umtriebszeit in den Zeitpunkt legen müssen, wo voraussichtlich die Nothwendigkeit der Verjüngung vorliegt, muß aber doch noch immer gewärtig sein, daß derselbe in Folge von Aenderungen der Verhältnisse früher herbeigeführt wird, wie es z. B. geschehen kann in Folge einer Lichtstellung durch Windbruch, durch den Fraß von Insecten, durch eine Pilzcalamität u. dergl.

Fragen des Forstschutzes können bei Bestimmung des Umtriebes wesentlich mitsprechen, namentlich da, wo Windbruchsschaden zu fürchten ist. Die größte Gefahr droht dem Stamme durch seine eigene Länge. Während bei jungen Bäumen die Länge und Zahl der Wurzeln in einem solchen Verhältnisse zur Länge des Stammes und der Beastung steht, daß der erzeugte Hebel und die an demselben sich äußernde Kraft nur höchst selten ausreicht, um den Baum zu werfen, wird mit zunehmendem Alter dieses Verhältniß auf den kräftigeren Böden immer ungünstiger. Der Stamm nimmt relativ mehr an Länge zu, als die Verbreitung der Wurzeln und bei einer gewissen Länge vermag der Wind so wuchtig an der Wurzel zu wirken, daß sich nun der Stamm, der viele Stürme über sich herbrausen sah, beugen muß und fällt. Hiebsfolge und Windmantel erweisen sich dann oft als vollständig ohnmächtig, ja der Windmantel bleibt unberührt stehen und der dahinter liegende Bestand bricht zusammen. Thüringen bietet leider jetzt dafür eine ganze Reihe von Belägen.

Die Natur selbst beugt in Windlagen vor, indem sie dort niemals die Stämme die Länge, wie in geschützten Standorten erreichen läßt. Jeder Bestandsrand zeigt uns übrigens diese Vorsicht der Natur, denn die vordersten Stämme, die den ungeschwächten Stoß empfangen, sind stets niedriger als ihre Hintermänner, und erst mit dem fünften und sechsten Gliede beginnt die Gleichmäßigkeit der Bestandshöhe.

Wenn z. B. 30 m diejenige Stammlänge darstellen, von welcher ab die Sturmgefahr eine sehr große wird, so darf man den Umtrieb nur derartig stellen, daß die Bestandshöhen dieses Maß höchstens erreichen, keineswegs aber überschreiten.

Vielleicht stellen sich aber dann wieder Fragen aus der Forstbenutzung entgegen. Das Publikum verlangt z. B. sehr langes Holz und droht sich vom Markte zurückzuziehen, wenn die Umtriebszeit zu sehr ermäßigt wird.

Ja, wenn das der Fall ist, so haben wir in Erwägung zu ziehen, ob wir die Absatzkrisis oder die mögliche Wirthschaftskrisis lieber über uns ergehen lassen und je nach der Beantwortung der Frage werden wir den Umtrieb wieder erhöhen, oder ihn unter Rücksichtnahme auf die Windbruchgefahr ermäßigen.

Endlich kommt als schwerstes Geschütz die Verzinsung des Anlage- oder Kaufcapitals hinzu. Wer den Wald angelegt hat, möchte möglichst bald in den Genuß von Nutzungen treten. Das Capital, welches keine Zinsen bringt, ist für ihn todt und mit stillem Ingrimm schreibt er schließlich die Zinsen dem Walde von Jahr zu Jahr zur Last. Immer weiter wächst das Capital und immer geringer wird die Aussicht, einmal eine der üblichen annähernd entsprechende Verzinsung zu erhalten.

§ 39.

Betrachten wir die hier angeführten Momente, so müssen wir ihnen Eins als gemeinschaftlich zusprechen: sie sind sämmtlich keine constant wirkenden Größen.

Die waldbaulichen Anschauungen ändern sich im Allgemeinen und auch im Speciellen, je nachdem irgend eine dauernde Standortsveränderung vor sich gegangen ist. Große Entwässerungen pflegen z. B. weithin eine für den Waldboden herabstimmende Wirkung zu üben. Die Bestände sterben in Folge davon häufig früher ab und müssen in kürzerem Umtriebe bewirthschaftet werden. Bleibt der Boden immer noch sehr kräftig, so wird vielleicht nur der Höhenwuchs verlangsamt, und es gehört jetzt eine längere Zeit dazu, um Holz von gleicher Höhe zu erziehen, wie früher. Der Umtrieb muß daher steigen, wenn man Holz von bestimmter Länge erziehen will.

Fällt, wie das z. B. im letzten Jahrzehnt geschehen ist, der Zinsfuß im ganzen Lande, so erscheint dieselbe Wirthschaft, die vorher unrentabel war, als nicht mehr Verlust bringend.

Kurzum, wohin wir blicken, sehen wir auch Schwankungen möglich, und wenn man den Lauf der Zeiten verfolgt, wird man constatiren, daß dieselben nie ausbleiben. Allerdings vollziehen sie sich wohl nur höchst selten in jähem Wechsel, sondern treten langsam heran, langsam zeigen sich ihre Folgen.

Wir können daher auch mit Fug und Recht die Umtriebszeit für kürzere Zeiträume, also z. B. für ein Jahrzehnt, als gleichbleibend annehmen, und da wir nicht abzusehen vermögen, wie die Aenderungen in den einzelnen bestimmenden Factoren sich vollziehen, so stellen wir unsere Berechnungen so an, als wenn sie sich überhaupt gleich bliebe.

Bei jeder Revision des Betriebswerkes muß aber die Frage nach der richtigen Umtriebszeit von Neuem geprüft werden und ist den veränderten Verhältnissen nöthigenfalls Rechnung zu tragen.

In dieser Weise erscheint die Umtriebszeit selbst als eine variable Größe.

§ 40.

Es ist betont, daß hier der weitaus größte Einfluß auf die Festsetzung der Umtriebszeit der Bruttorente eingeräumt werden soll und wir haben diese daher näher ins Auge zu fassen.

Die Rente ist, wenn wir absehen von concreten Fällen, der Theorie nach abhängig

1. von der Fläche, die zum Hiebe kommt,
2. vom Alter des Bestandes,
3. vom Geldwerthe, den das Festmeter durchschnittlich hat.

Wir wollen der Reihe nach den Einfluß dieser Größen beleuchten.

§ 41.

Betrachten wir zunächst die Fläche allein. Je kürzer der Umtrieb ist, um so häufiger kehrt er zu derselben Fläche zurück. Die Flächennutzung wächst, wenn der Umtrieb fällt. In dem Weidenwerder, der alljährlich geschnitten wird, umfaßt die Erntefläche, wie bei der Landwirthschaft, das ganze Areal. Müssen die Ruthen zweijährig sein, so kann nur die halbe Fläche geschnitten werden.

Die jährliche Schlaggröße erhält man stets, wenn man die ganze Fläche durch die Umtriebszeit dividirt, z. B. Fläche = 100, Umtrieb = 100, Schlagfläche = 100 : 100 = 1.

Ist der Betrieb nicht jährlich, sondern springt er, so ist die wie eben berechnete Schlagfläche zu multipliciren mit der Zahl, die das Hiebsintervall angiebt, also bei fünfjährig aussetzendem Umtriebe mit 5. Bei Fortführung des Beispiels wird also die Schlagfläche 1 . 5 = 5 ha.

Hat man zwei verschiedene Umtriebszeiten, so verhalten sich die zugehörigen Schlagflächen umgekehrt wie die Umtriebszeiten.

Es gehört also zu einer Umtriebszeit von 50 Jahren die doppelte, zu einer solchen von 25 Jahren die vierfache Schlagfläche, als zu einer von 100 Jahren. Da es nicht uninteressant ist, den Verlauf der Schlagflächengröße bei gegebener Fläche näher zu betrachten, so wollen wir in der folgenden Tabelle die Größen beim

Bei einer Waldfläche von 100 Hektaren und											
einer Umtriebs-zeit von Jahren	beträgt die Schlag-fläche		einer Umtriebs-zeit von Jahren	beträgt die Schlag-fläche		einer Umtriebs-zeit von Jahren	beträgt die Schlag-fläche		einer Umtriebs-zeit von Jahren	beträgt die Schlag-fläche	
	ha	dec		ha	dec		ha	dec		ha	dec
1	100	00	31	3	23	61	1	64	91	1	10
2	50	00	32	3	13	62	1	61	92	1	09
3	33	33	33	3	03	63	1	59	93	1	08
4	25	00	34	2	94	64	1	56	94	1	06
5	20	00	35	2	86	65	1	54	95	1	05
6	18	67	36	2	78	66	1	52	96	1	04
7	14	29	37	2	70	67	1	49	97	1	03
8	12	50	38	2	63	68	1	47	98	1	02
9	11	11	39	2	56	69	1	45	99	1	01
10	10	00	40	2	50	70	1	43	100	1	00
11	9	09	41	2	44	71	1	41	101	0	990
12	8	33	42	2	38	72	1	39	102	0	980
13	7	69	43	2	33	73	1	37	103	0	971
14	7	14	44	2	27	74	1	35	104	0	962
15	6	67	45	2	22	75	1	33	105	0	952
16	6	25	46	2	17	76	1	32	106	0	943
17	5	88	47	2	13	77	1	30	107	0	935
18	5	56	48	2	08	78	1	28	108	0	926
19	5	26	49	2	04	79	1	27	109	0	917
20	5	00	50	2	00	80	1	25	110	0	909
21	4	76	51	1	96	81	1	23	111	0	901
22	4	55	52	1	92	82		22	112	0	893
23	4	35	53	1	89	83		20	113	0	885
24	4	17	54	1	85	84		19	114	0	877
25	4	00	55	1	82	85		18	115	0	870
26	3	85	56	1	79	86		16	116	0	862
27	3	70	57	1	75	87		15	117	0	855
28	3	57	58	1	72	88		14	118	0	847
29	3	45	59	1	69	89		12	119	0	840
30	3	33	60	1	67	90		11	120	0	833

Anwachsen des Umtriebes von Jahr zu Jahr und 100 ha Fläche berechnen.

Es geben die Zahlen zugleich den Procentsatz an, der als normal für die Abnutzung jeder anderen Fläche anzusehen ist.

Die Zahlen fallen mit steigendem Umtriebe Anfangs sehr rasch, werden aber in dieser Bewegung bald langsamer, so daß der Unterschied um das 100 Jahr etwa 1 % und um das 120 nur noch 0,7 % beträgt.

Die Abnahme ist natürlich stets vorhanden, denn in dem Bruch $\frac{F}{u}$ wächst der Nenner, der Zähler bleibt constant.

§ 42.

Diesem Verhalten der Flächen steht gegenüber die Summe des Vorrathes, die sich auf der Flächeneinheit bei verschiedenem Alter vorfindet.

Es nimmt diese zu und zwar nach den neueren Forschungen derartig, daß der jährliche Zuwachs Anfangs mit steigendem Alter immer größer wird, dann ein Maximum erreicht und von da ab wieder fällt. Das Letztere geschieht aber langsamer, als die vor dem Maximum liegende Zunahme. Die Culmination des Bestandszuwachses tritt zu einer Zeit ein, wo noch ein außerordentlich großer Stammreichthum vorhanden ist. Dieser ist die Haupt-Ursache der frühen Culmination. Untersucht man den einzelnen Stamm, so ergiebt sich, daß dieser von Jahr zu Jahr weiter steigende Zuwachsgrößen anlegt. Die sich stetig und mit großer Energie vollziehende Stammzahlverringerung bringt diese Steigerung für den Bestand nicht mehr zum Ausdruck. Die ältere Forschung hat diese Einwirkung der Stammzahlabnahme nicht voll gewürdigt und gestützt auf die Zuwachsverhältnisse am Einzelstamme das Maximum des jährlichen Zuwachses sehr spät angesetzt. Die neueren Erfahrungstafeln zeigen uns die Verhältnisse dagegen in ganz anderem Lichte und wir theilen sie deshalb im nächsten Paragraphen im Auszuge mit.

§ 43.

Es sind bis jetzt erschienen die Ertragstafeln für die Fichte auf Grund der Arbeiten Württembergs, unmittelbar danach dieselben auf Grund der Arbeiten Sachsens. Jene hat Professor Dr. von Baur[1]), diese Professor Kunze[2]) bearbeitet. Die in Württemberg aufgenommenen Probeflächen sind jetzt zum zweiten Male bezüglich ihrer Masse untersucht und hat Prof. Dr. Lorey[3]) danach neue Tafeln aufgestellt. Wir bringen hier die letztgenannten.

Die Tafeln für die Kiefer[4]) beruhen auf dem Material, was durch sämmtliche dem Verein der deutschen forstlichen Versuchs-Anstalten angehörenden Staaten beigebracht ist, die für die Buche[5]) endlich auf den Untersuchungen Württembergs.

Die Auszüge bedürfen wohl nur weniger Worte zur Erklärung: Für das je fünfte, vom fünfzehnten an beginnend, ist angegeben:

1. die mittlere Höhe; sie wird in der Praxis gefunden, indem man Repräsentanten verschiedener Stammstärken — etwa fünf — ihrer Höhe nach mißt und das arithmetische Mittel der Messungen nimmt.

2. Die Bestandsdichtheit, ausgedrückt durch die Querflächensumme in 1,3 m vom Boden. Jeder Stamm ist in 1,3 m vom Boden zu messen, das Resultat zu notiren. Ist das mit dem ganzen Bestande geschehen, so werden zu den in jeder Durchmesserklasse gefundenen Stammzahlen die Kreisflächen in einer Kreisflächen-Multiplicationstafel aufgeschlagen und die einzelnen Posten summirt. Das Resultat giebt die Querflächensumme an, nach der sich am einfachsten beurtheilen läßt, ob der untersuchte Bestand dichter oder lichter als derjenige der Ertragstafel ist.

3. Der Zuwachs innerhalb fünfjähriger Perioden; er ist einfach dadurch gefunden, daß man von der Gesammtmasse des älteren Bestandes diejenige des fünf Jahre jüngeren Ortes abzieht.

4. Die Gesammtmasse des Bestandes, d. i. die Masse des überhaupt vorhandenen oberirdischen Materials.

5. Der Durchschnittszuwachs; er ergiebt sich aus der Division der unter 4. angegebenen Masse durch die Zahl für das Bestandsalter.

---

[1]) Die Fichte in Bezug auf Ertrag, Zuwachs und Form. Berlin 1877. Julius Springer.

[2]) Supplemente zum Tharander Jahrbuch I pag. 1: „Beiträge zur Kenntniß der Fichte auf normal bestockten Flächen."

[3]) Supplemente zur Allgemeinen Forst- und Jagdzeitung XII Heft 1: Ertragsuntersuchungen in Fichtenbeständen.

[4]) Ertragstafeln für die Kiefer von Weise. Berlin 1880. Julius Springer.

[5]) Die Rothbuche in Bezug auf Ertrag, Zuwachs und Form von Dr. Franz Baur. Berlin 1881. Paul Parey.

Ertragstafel für die Kiefer.

Bonität I.

Bestands-Alter	1. Mittlere Bestandshöhe		2. Bestandsdichtheit ausgedrückt durch Querflächensumme 1,3 m v. Boden		3. Zuwachs innerhalb 5jähriger Perioden	4. Gesammt-Masse des Bestandes	5. Durchschnitts-Zuwachs	
	m	dec	qm	dec	fm	fm	fm	dec
15	4	6	13	5	(46)	114	7	6
20	7	3	22	0	48	162	8	1
25	9	6	28	5	48	210	8	4
30	11	6	32	6	45	255	8	5
35	13	6	35	4	42	297	8	5
40	15	7	37	4	39	336	8	4
45	17	6	39	0	36	372	8	3
50	19	4	40	2	35	407	8	1
55	20	8	41	3	33	440	8	0
60	22	1	42	3	32	472	7	9
65	23	3	43	0	28	500	7	7
70	24	3	43	5	25	525	7	5
75	25	2	44	0	23	548	7	3
80	26	0	44	3	21	569	7	1
85	26	8	44	5	19	588	6	9
90	27	5	44	7	18	606	6	7
95	28	1	44	8	16	622	6	5
100	28	5	44	8	15	637	6	4
105	28	9	44	8	14	651	6	2
110	29	3	44	8	13	664	6	0
115	29	7	44	8	11	675	5	9
120	30	0	44	8	9	684	5	7

Ertragstafel für die Kiefer.

Bonität II.

Bestands-Alter	1. Mittlere Bestandshöhe		2. Bestandsdichtheit ausgedrückt durch Querflächensumme 1,3 m v. Boden		3. Zuwachs innerhalb 5jähriger Perioden	4. Gesammt-Masse des Bestandes	5. Durchschnitts-Zuwachs	
	m	dec	qm	dec	fm	fm	fm	dec
15	3	7	11	6	(28)	72	4	8
20	5	7	18	7	35	107	5	4
25	7	5	23	5	44	151	6	0
30	9	3	27	3	42	193	6	4
35	10	9	30	2	40	233	6	7
40	12	5	33	0	37	270	6	7
45	14	1	35	0	33	303	6	7
50	15	6	36	5	29	332	6	6
55	16	9	37	7	25	357	6	5
60	18	2	38	4	22	379	6	3
65	19	4	39	1	20	399	6	1
70	20	5	39	6	18	417	6	0
75	21	5	39	9	16	433	5	8
80	22	3	40	2	15	448	5	6
85	23	1	40	4	14	462	5	4
90	23	9	40	6	13	475	5	3
95	24	6	40	8	11	486	5	1
100	25	2	40	9	10	496	5	0
105	25	8	41	0	10	506	4	8
110	26	3	41	0	10	516	4	7
115	26	7	41	0	9	525	4	6
120	27	0	41	0	9	534	4	5

Ertragstafel für die Kiefer.

Bonität III.

Bestands-Alter	1. Mittlere Bestandshöhe		2. Bestandsdichtheit ausgedrückt durch Querflächensumme 1,3 m v. Boden		3. Zuwachs innerhalb 5jähriger Perioden	4. Gesammt-Masse des Bestandes	5. Durchschnitts-Zuwachs	
	m	dec	qm	dec	fm	fm	fm	dec
15	3	0	.	.	(26)	62	4	1
20	4	7	16	7	28	90	4	5
25	6	3	20	4	30	120	4	8
30	7	8	23	8	30	150	5	0
35	9	2	26	3	28	178	5	1
40	10	6	28	4	25	203	5	1
45	11	9	29	9	23	226	5	0
50	13	1	31	1	21	247	4	9
55	14	3	32	0	19	266	4	8
60	15	4	32	8	18	284	4	7
65	16	4	33	5	17	301	4	6
70	17	4	34	0	16	317	4	5
75	18	3	34	4	15	332	4	4
80	19	1	34	8	14	346	4	3
85	19	8	35	0	13	359	4	2
90	20	4	35	2	12	371	4	1
95	21	0	35	4	10	381	4	0
100	21	5	35	5	9	390	3	9
105	21	9	35	5	9	399	3	8
110	22	3	35	5	8	407	3	7
115	22	7	35	5	7	414	3	6
120	23	0	35	5	6	420	3	5

Ertragstafel für die Kiefer.

Bonität IV.

Bestands-Alter	1. Mittlere Bestandshöhe		2. Bestandsdichtheit ausgedrückt durch Querflächensumme 1,3 m v. Boden		3. Zuwachs innerhalb 5jähriger Perioden	4. Gesammt-Masse des Bestandes	5. Durchschnitts-Zuwachs	
	m	dec	qm	dec	fm	fm	fm	dec
15	2	5	.	.	(23)	50	3	3
20	3	9	10	0	24	74	3	7
25	5	4	13	8	24	98	3	9
30	6	8	16	4	24	122	4	1
35	8	1	19	0	23	145	4	1
40	9	3	21	5	21	166	4	1
45	10	3	24	0	20	186	4	1
50	11	2	26	2	18	204	4	1
55	12	1	28	3	16	220	4	0
60	12	9	29	7	15	235	3	9
65	13	7	30	6	14	249	3	8
70	14	5	31	4	12	261	3	7
75	15	2	31	8	10	271	3	6
80	15	9	32	0	8	279	3	5
85	16	5	32	0	7	286	3	4
90	17	0	32	0	6	292	3	2

Ertragstafel für die Kiefer.

Bonität V.

Bestands-Alter	1. Mittlere Bestandshöhe		2. Bestandsdichtheit ausgedrückt durch Querflächensumme in Brusthöhe		3. Zuwachs innerhalb 5jähriger Perioden	4. Gesammt-Masse des Bestandes	5. Durchschnitts-Zuwachs	
	m	dec	qm	dec	fm	fm	fm	dec
15	2	1	.	.	(20)	37	2	5
20	3	3	7	9	20	57	2	9
25	4	6	11	3	20	77	3	1
30	5	8	14	3	20	97	3	2
35	6	8	17	0	19	116	3	3
40	7	7	19	5	17	133	3	3
45	8	6	21	7	15	148	3	3
50	9	4	23	5	14	162	3	2
55	10	1	25	0	13	175	3	2
60	10	7	26	0	12	187	3	1
65	11	3	26	9	11	198	3	1
70	11	9	27	6	10	208	3	0
75	12	5	28	1	8	216	2	9
80	13	0	28	5	7	223	2	8
85	13	4	28	8	5	228	2	7
90	13	7	29	0	3	231	2	6

Ertragstafel für die Fichte.

Bonität I.

Bestands-Alter	1. Mittlere Bestandshöhe		2. Bestandsdichtheit ausgedrückt durch Querflächensumme 1,3 m v. Boden		3. Zuwachs innerhalb 5jähriger Perioden	4. Gesammt-Masse des Bestandes	5. Durchschnitts-Zuwachs	
	m	dec	qm	dec	fm	fm	fm	dec
15	3	0				93	6	2
20	5	1			59	152	7	6
25	7	4			70	222	8	9
30	9	8			72	294	9	8
35	12	1	40	3	75	369	10	5
40	14	5	43	3	77	446	11	1
45	16	8	45	9	79	525	11	7
50	19	1	48	2	78	603	12	1
55	21	3	50	2	73	676	12	3
60	23	4	51	9	67	743	12	4
65	25	2	53	4	60	803	12	4
70	26	9	54	5	50	853	12	2
75	28	3	55	5	38	891	11	9
80	29	7	56	3	33	924	11	5
85	31	0	57	1	30	954	11	2
90	32	1	57	9	28	982	10	9
95	33	2	58	7	25	1007	10	6
100	34	3	59	4	22	1029	10	3
105	35	2	60	1	21	1050	10	0
110	35	9	60	8	18	1068	9	7
115	36	5	61	4	17	1085	9	4
120	37	0	62	0	15	1100	9	2

Ertragstafel für die Fichte.

Bonität II.

Bestands-Alter	1. Mittlere Bestandshöhe		2. Bestandsdichtheit ausgedrückt durch Querflächensumme 1,3 m v. Boden		3. Zuwachs innerhalb 5jähriger Perioden	4. Gesammt-Masse des Bestandes	5. Durchschnitts-Zuwachs	
	m	dec	qm	dec	fm	fm	fm	dec
15	2	1				52	3	5
20	3	5			31	83	4	1
25	5	1			42	125	5	0
30	6	9			47	172	5	7
35	8	7	31	0	54	226	6	5
40	10	7	34	9	55	281	7	0
45	12	5	38	3	60	341	7	5
50	14	4	41	4	64	405	8	1
55	16	3	43	8	70	475	8	6
60	18	2	46	0	74	549	9	1
65	20	1	47	8	62	611	9	4
70	21	9	49	1	52	663	9	5
75	23	6	50	2	45	708	9	4
80	25	3	51	2	42	750	9	4
85	26	7	52	2	37	787	9	3
90	27	9	53	2	30	817	9	1
95	28	9	54	1	26	843	8	9
100	29	8	55	0	24	867	8	7
105	30	7	55	9	22	889	8	4
110	31	4	56	7	21	910	8	2
115	32	0	57	4	20	930	8	1
120	32	5	58	0	20	950	7	9

Ertragstafel für die Fichte.

Bonität III.

Bestands-Alter	1. Mittlere Bestandshöhe		2. Bestandsdichtheit ausgedrückt durch Querflächensumme 1,3 m v. Boden		3. Zuwachs innerhalb 5jähriger Perioden	4. Gesammt-Masse des Bestandes	5. Durchschnitts-Zuwachs	
	m	dec	qm	dec	fm	fm	fm	dec
15	1	3				31	2	1
20	2	0			23	54	2	7
25	3	3			28	82	3	3
30	4	8			31	113	3	8
35	6	2	26	2	37	150	4	3
40	7	8	29	9	43	193	4	8
45	9	5	33	0	51	244	5	4
50	11	2	35	6	53	297	5	9
55	12	9	37	7	49	346	6	3
60	14	7	39	5	48	394	6	6
65	16	5	41	2	46	440	6	8
70	18	0	42	6	42	482	6	9
75	19	5	43	8	39	521	7	0
80	20	7	45	1	38	559	7	0
85	21	7	46	2	32	591	6	9
90	22	6	47	4	29	620	6	9
95	23	5	48	4	28	648	6	8
100	24	2	49	4	26	674	6	7
105	24	8	50	4	24	698	6	6
110	25	3	51	3	22	720	6	5
115	25	7	52	2	20	740	6	4
120	26	1	53	0	20	760	6	3

Ertragstafel für die Fichte.

Bonität IV.

Bestands-Alter	1. Mittlere Bestandshöhe		2. Bestandsdichtheit ausgedrückt durch Querflächensumme 1,3 m v. Boden		3. Zuwachs innerhalb 5jähriger Perioden	4. Gesammt-Masse des Bestandes	5. Durchschnitts-Zuwachs	
	m	dec	qm	dec	fm	fm	fm	dec
15	0	9				21	1	4
20	1	4			14	35	1	7
25	2	2			17	52	2	1
30	3	2			21	73	2	4
35	4	3	21	0	26	99	2	8
40	5	5	24	6	29	128	3	2
45	6	7	27	7	32	160	3	6
50	8	0	29	9	35	195	3	9
55	9	3	31	6	34	229	4	2
60	10	7	33	0	34	263	4	4
65	12	0	34	4	32	295	4	6
70	13	3	35	6	28	323	4	6
75	14	6	36	6	24	347	4	6
80	15	7	37	6	20	367	4	6
85	16	6	38	6	18	385	4	5
90	17	4	39	6	18	403	4	5
95	18	2	40	6	17	420	4	4
100	18	7	41	5	17	437	4	4
105	19	2	42	3	16	453	4	3
110	19	6	43	0	16	469	4	3
115	20	0	43	6	16	485	4	2
120	20	3	44	0	15	500	4	2

Ertragstafel für die Buche.

Bonität I.

Bestands-Alter	1. Mittlere Bestandshöhe		2. Bestandsdichtheit ausgedrückt durch Querflächensumme 1,3 m v. Boden		3. Zuwachs innerhalb 5jähriger Perioden	4. Gesammt-Masse des Bestandes	5. Durchschnitts-Zuwachs	
	m	dec	qm	dec	fm	fm	fm	dec
15	3	1				50	3	34
20	5	1			30	80	3	99
25	7	4			38	118	4	74
30	9	9	24	9	42	160	5	35
35	12	4	26	6	43	203	5	80
40	14	9	27	7	45	248	6	20
45	17	1	29	8	45	293	6	51
50	18	6	31	9	45	338	6	76
55	20	1	33	4	43	381	6	93
60	21	6	34	8	41	422	7	03
65	23	0	35	8	40	462	7	11
70	24	0	37	5	40	502	7	17
75	25	0	38	7	40	542	7	23
80	26	0	39	7	38	580	7	25
85	27	0	40	4	36	616	7	25
90	28	0	40	9	35	651	7	23
95	29	0	41	6	35	686	7	22
100	29	8	42	4	34	720	7	20
105	30	3	43	2	33	753	7	17
110	30	8	44	0	31	784	7	13
115	31	3	44	7	29	813	7	07
120	31	8	45	5	28	841	7	00

Ertragstafel für die Buche.

Bonität II.

Bestands-Alter	1. Mittlere Bestandshöhe		2. Bestandsdichtheit ausgedrückt durch Querflächensumme 1,3 m v. Boden		3. Zuwachs innerhalb 5jähriger Perioden	4. Gesammt-Masse des Bestandes	5. Durchschnitts-Zuwachs	
	m	dec	qm	dec	fm	fm	fm	dec
15	2	8				38	2	52
20	4	3			20	58	2	91
25	6	2			26	84	3	35
30	8	2	20	6	30	114	3	81
35	10	3	22	7	36	150	4	27
40	12	4	24	6	37	187	4	66
45	14	4	26	1	38	225	4	99
50	16	4	27	7	39	264	5	27
55	17	9	29	8	40	304	5	52
60	19	0	31	8	39	343	5	72
65	20	0	33	7	38	381	5	85
70	21	0	35	2	34	415	5	93
75	22	0	36	5	34	449	5	99
80	23	0	37	2	33	482	6	02
85	24	0	38	2	31	513	6	04
90	25	0	38	7	31	544	6	05
95	26	0	39	2	30	574	6	05
					29			
100	26	6	40	2	28	603	6	03
105	27	1	41	2	28	631	6	01
110	27	6	42	2	27	659	5	99
115	28	1	43	0	27	686	5	97
120	28	6	44	0		713	5	94

Ertragstafel für die Buche.

Bonität III.

Bestands-Alter	1. Mittlere Bestandshöhe		2. Bestandsdichtheit ausgedrückt durch Querflächensumme 1,3 m v. Boden		3. Zuwachs innerhalb 5jähriger Perioden	4. Gesammt-Masse des Bestandes	5. Durchschnitts-Zuwachs	
	m	dec	qm	dec	fm	fm	fm	dec
15	1	8				26	1	71
20	3	0			14	40	2	01
25	4	5			19	59	2	36
30	6	0	19	2	25	84	2	81
35	8	0	20	2	27	111	3	18
40	10	0	21	3	28	139	3	46
45	12	0	22	1	27	166	3	69
50	14	0	23	1	28	194	3	88
55	15	5	24	4	27	221	4	04
60	16	9	25	7	29	251	4	18
65	17	9	27	3	29	280	4	31
70	18	9	28	8	30	310	4	42
75	19	9	30	0	28	338	4	50
80	20	9	30	9	27	365	4	56
85	21	5	32	6	27	392	4	62
90	22	0	34	1	28	420	4	67
95	22	5	35	5	27	447	4	71
100	23	0	36	6	25	472	4	72
105	23	5	37	7	24	496	4	73
110	24	0	38	8	24	520	4	73
115	24	5	39	7	24	544	4	73
120	25	0	40	5	23	567	4	62

Ertragstafel für die Buche.

Bonität IV.

Bestands-Alter	1. Mittlere Bestandshöhe		2. Bestandsdichtheit ausgedrückt durch Querflächensumme 1,3 m v. Boden		3. Zuwachs innerhalb 5jähriger Perioden	4. Gesammt-Masse des Bestandes	5. Durchschnitts-Zuwachs	
	m	dec	qm	dec	fm	fm	fm	dec
15	1	4				13		83
20	2	4			12	25	1	24
25	3	5			16	41	1	63
30	5	0	15	8	19	60	2	01
35	6	5	17	4	22	82	2	33
40	8	0	18	7	21	103	2	58
45	9	5	19	9	22	125	2	77
50	11	0	20	9	21	146	2	92
55	12	5	21	7	23	169	3	07
60	13	5	23	4	23	192	3	19
65	14	5	24	8	22	214	3	30
70	15	5	26	0	23	237	3	39
75	16	5	27	1	22	259	3	45
80	17	5	27	8	21	280	3	50
85	18	1	29	0	20	300	3	53
90	18	6	30	2	20	320	3	55
95	19	1	31	3	20	340	3	58
100	19	6	32	5	20	360	3	60
105	20	1	33	5	20	380	3	62
110	20	6	34	5	20	400	3	64
115	21	1	35	3	18	418	3	63
120	21	6	35	9	17	435	3	62

Forschen wir nach demjenigen Umtriebe, in welchem die höchste Materialrente zur Nutzung kommt, so haben wir die entsprechenden Flächenabtriebsgrößen und Vorräthe der Flächeneinheit zu multipliciren.

Z. B. eine Kiefernwirthschaft in 50jährigem Umtriebe bei 100 ha Fläche II. Bonität ergiebt 2,0 . 332 = 664 fm, in 40jährigem Umtriebe aber 2,5 . 270 = 675 fm, in 30jährigem Umtriebe 3,33 . 193 = 643 fm. Es würde also hier der 40jährige Umtrieb die höchste Rente haben.

Das Verhalten der Producte im Allgemeinen ist folgendes: Sie wachsen trotz der lebhaften Abnahme der Schlagflächen Anfangs mit steigendem Umtriebe sehr energisch und die Zunahme geht noch über das Alter hinaus, in welchem der größte jährliche Zuwachs erfolgt. Das Wachsthum wird aber nach diesem Zeitpunkt erheblich langsamer und nicht spät erreichen wir ein Maximum, von dem ab dann ein langsames Fallen eintritt. Für einen nicht unbedeutenden Zeitraum hält sich dabei die Materialrente ziemlich nahe dem Maximum. Wie bei dem jährlichen Zuwachse ist auch hier die Abnahme nach der Culmination langsamer, als die Zunahme vor derselben.

Zum Belege dafür lassen wir die Zahlen für die Bonitäten II. und IV. der Kiefer, Fichte und Buche folgen:

Bonität II.

Umtrieb	Von 100 ha sind zu hauen ha	dec	Kiefer pro ha	Kiefer im Ganzen	Fichte pro ha	Fichte im Ganzen	Buche pro ha	Buche im Ganzen
			Haubarkeitsmassen					
15	6	67	72	480	52	347	38	253
20	5	00	107	535	83	415	58	290
25	4	00	151	604	125	500	84	336
30	3	33	193	643	172	573	114	380
35	2	86	233	666	226	646	150	429
40	2	50	270	**675**	281	703	187	468
45	2	22	303	673	341	757	225	500
50	2	00	332	664	405	810	264	528
55	1	82	357	650	475	865	304	553
60	1	67	379	633	549	917	343	573
65	1	54	399	614	611	941	381	587
70	1	43	417	596	663	**948**	415	593
75	1	33	433	576	708	942	449	597
80	1	25	448	560	750	938	482	603
85	1	18	462	545	787	929	513	**605**
90	1	11	475	527	817	907	544	604
95	1	05	486	510	843	885	574	603
100	1	00	496	496	867	867	603	603
105	0	95	506	481	889	845	631	599
110	0	91	516	470	910	828	659	600
115	0	87	525	457	930	809	686	597
120	0	83	534	443	950	788	713	592

Bonität IV.

Umtrieb	Von 100 ha sind zu hauen ha	dec	Kiefer pro ha	Kiefer im Ganzen	Fichte pro ha	Fichte im Ganzen	Buche pro ha	Buche im Ganzen
			Haubarkeitsmassen					
15	6	67	50	334	21	140	13	87
20	5	00	74	370	35	175	25	125
25	4	00	98	392	52	208	41	164
30	3	33	122	406	73	243	60	200
35	2	86	145	**415**	99	283	82	235
40	2	50	166	**415**	128	320	103	258
45	2	22	186	413	160	355	125	278
50	2	00	204	404	195	390	146	292
55	1	82	220	400	229	417	169	308
60	1	67	235	392	263	439	192	321
65	1	54	249	383	295	454	214	330
70	1	43	261	373	323	**462**	237	339
75	1	33	271	360	347	**462**	259	344
80	1	25	279	349	367	459	280	350
85	1	18	286	337	385	454	300	354
90	1	11	292	324	403	447	320	355
95	1	05	.	.	420	441	340	357
100	1	00	.	.	437	437	360	360
105	0	95	.	.	453	430	380	361
110	0	91	.	.	469	427	400	**364**
115	0	87	.	.	485	422	418	**364**
120	0	83	.	.	500	415	435	361

Vergleicht man die hier gewonnenen Zahlen mit den Angaben der Ertragstafeln über den Durchschnittszuwachs, so wird man bei diesen dieselben Verhältnisse wiederfinden und bemerken, daß auch die Zeiten, abgesehen von kleinen durch die Abrundungen herrührenden Differenzen, vollständig sich decken.

Es hat das seinen sehr einfachen Grund darin, daß wir in den Producten von Schlagflächen und Masse der Flächeneinheit nichts Anderes haben, als zugleich das Product von der ganzen Fläche und dem Durchschnittszuwachse.

Beweis: Es ist die Schlagfläche $= \frac{F}{u}$, die bei u zu hauende Masse $= \frac{F}{u} m$, wobei F die ganze Waldfläche,

u die Umtriebszeit,

m die Masse auf der Flächeneinheit

im Alter u bedeutet.

Der Durchschnittszuwachs ist $= \frac{m}{u}$; multiplicirt man diesen mit der ganzen Fläche, so erhält man $\frac{m}{u} F$.

Es ist aber, wie zu beweisen war,

$$\frac{F}{u} m = F \frac{m}{u}.$$

Wir brauchen daher auch eigentlich nicht die Rechnungen mit Schlagfläche und Masse auf der Flächeneinheit auszuführen, sondern nur die Größe des Durchschnittszuwachses zu betrachten, um über den Verlauf der Materialrente klar zu werden. Zu dem Zweck ist er in der letzten Colonne der Auszüge aus den Ertragstafeln mitgetheilt.

Wir ersehen aus diesen Angaben, daß eine Wirthschaft, welche die absolut größte Massenerzeugung auf ihr Programm schreibt, auf Grund der Resultate, welche die neuere Forschung ergab, für Kiefer und Fichte zu sehr niedrigen Umtrieben kommt.

Weil das aber der Fall ist, werden wir hervorheben können, daß das bei solcher Wirthschaft entfallende Material nur eine sehr beschränkte Brauchbarkeit hat. Lassen wir nur etwas die vielseitigere Verwendbarkeit desselben in den Vordergrund treten, so kommen wir sofort zu höheren Umtrieben. Die Materialrente, die wir bei gegebener Fläche aus dem Walde entnehmen können, fällt dann etwas, aber schon ein geringes Sinken giebt uns in der Bestimmung des Umtriebes einen verhältnißmäßig weiten Spielraum.

Wenn wir z. B. gestatten, daß sich die Rente 10 % geringer als das Maximum stellen kann, so würden wir bei Kiefern I. Bonität den Umtrieb auf den Zeitpunkt legen können, wo der Durchschnittszuwachs 8,5 — 0,85 = 7,65 fm ist. Das trifft ein zwischen dem 65. und 70. Jahre, während die Culmination mit dem 35. abschließt.

Bei Kiefern III. Bonität würden wir in gleicher Weise den Umtrieb verschieben können, bei solchen auf V. Bonität sogar bis zum 75 jährigen.

Man kann wohl kaum im Zweifel darüber sein, daß der Erlös von 100 fm 35 jährigen Holzes, was auf Bonität I. gewachsen ist, nicht ebenso hoch, sondern geringer ist, als der von 90 fm 65jährigen Holzes. Wir würden also bei letzterer Wirthschaft nicht nur die gleiche, sondern eine höhere Geld-Rente erzielen, wie bei der nach dem Maximum der Materialrente.

§ 44.

Hiermit leiten wir direct über zu dem dritten auf die Rente einwirkenden Factor, dem durchschnittlichen Geldwerth des Festmeters.

Nehmen wir einen Bestand von demjenigen Alter, in welchem die höchste Materialrente erzeugt wird und abgebbar ist, so ist in diesem das Reisholzprocent ein verhältnißmäßig hohes. Das Reisholz nimmt mit dem höheren Alter des Bestandes an absoluter Masse ab. Der Procentsatz, den es von der ganzen Masse einnimmt, muß daher ebenfalls sinken.

Was an Reisig jährlich zuwächst, geht gleichzeitig verloren durch den Uebertritt von Reisig zum Derbholze und durch das Absterben der unterdrückten Aeste und Stämme.

Ferner sind im Alter des höchsten Durchschnittszuwachses relativ stark vertreten die schwächeren Sortimente. Das Holz hat noch nicht Zeit gehabt zu erstarken und den Längenwuchs der Vollendung nahe zu bringen. Auch das stärkste Holz in solchen Beständen hat erst einen beschränkten Verwendungskreis.

Alle diese Verhältnisse bewirken, daß der Preis, der im Durchschnitt für das Festmeter erzielt wird, nicht hoch steht. Größere Verwendbarkeit tritt mit steigendem Alter zugleich mit der Verringerung des schwachen Derbholzes und des Reisigs ein. Damit wächst dann der Preis.

Bringen wir nun diese Erwägung in Verbindung mit der Thatsache, daß die Materialrente nach der Culmination des Durchschnittszuwachses in sehr langsamem Tempo fällt, so können wir von vornherein die Richtigkeit der Behauptung annehmen, daß nämlich das Sinken der Materialrente bei steigendem Umtriebe für den Geldertrag der Forsten zunächst nicht fühlbar ist.

Denn hebt sich der Durchschnittspreis des Festmeters auch nur in dem langsamen Tempo, in welchem die Materialrente sinkt, so ist der Effect davon immer schon der, daß die Geldrente dauernd auf gleicher Höhe bleibt.

Beispiel: Geht die Materialrente bei der Erhöhung des Umtriebes von 50 auf 60 Jahre von 600 fm auf 500, der Preis aber gleichzeitig von 5 auf 6 *M*, so ist die Rente in beiden Fällen 3000 *M*, sie geht das eine Mal aber hervor aus dem Product 5 . 600, das andere Mal hingegen aus 6 . 500.

§ 45.

Ein solch langsames Wachsthum des Preises ist aber durchaus nicht wahrscheinlich, vielmehr wird sich allein aus dem Umstande, daß das geringwerthige Reisig relativ zurücktritt, bei sonst gleichbleibendem Derbholzpreise eine bis zu einem gewissen Zeitpunkte gehende nicht unerhebliche Steigerung des Durchschnittspreises ergeben.

Schon dadurch wird eine ziemlich bedeutende Verschiebung der Culmination der Rente von demjenigen Zeitpunkte fort bewirkt, wo wir die größten Massen finden.

Wir wollen, um das klar zu legen, hier einige Beispiele anführen:

Kiefer.

Bonität I.

Alter des Bestandes	Der Durchschnittszuwachs beträgt						Werth des Durchschnittszuwachses						Durchschnittspreis pro fm	
	an Gesammtmasse		an Derbholz		an Reisholz		an Derbholz bei Preis von 6 ℳ pro fm		an Reisig bei Preis von 2 ℳ pro fm		Im Ganzen			
	fm	dec	fm	dec	fm	dec	ℳ	₰	ℳ	₰	ℳ	₰	ℳ	₰
15	7	6	1	5	6	1	9	0	12	2	21	20	2	79
20	8	1	2	8	5	3	16	8	10	6	27	4	3	38
25	8	4	4	1	4	3	24	6	8	6	33	2	3	95
30	8	5	5	2	3	3	31	2	6	6	37	8	4	45
35	8	5	6	1	2	4	36	6	4	8	41	4	4	87
40	8	4	6	8	1	6	40	8	3	2	44	0	5	26
45	8	3	7	0	1	3	42	0	2	6	**44**	**6**	5	37
50	8	1	7	1	1	0	42	6	2	0	**44**	**6**	5	51
55	8	0	7	1	0	9	42	6	1	8	44	4	5	55
60	7	9	7	0	0	9	42	0	1	8	43	8	5	54
65	7	7	6	9	0	8	41	4	1	6	43	0	5	58
70	7	5	6	8	0	7	40	8	1	4	42	2	5	63
75	7	3	6	6	0	7	39	6	1	4	41	0	5	62
80	7	1	6	5	0	6	39	0	1	2	40	2	5	66
85	6	9	6	3	0	6	37	8	1	2	39	0	5	65
90	6	7	6	2	0	5	37	2	1	0	38	2	5	70
95	6	5	6	0	0	5	36	0	1	0	37	0	5	69
100	6	4	5	9	0	5	35	4	1	0	36	4	5	69
105	6	2	5	7	0	5	34	2	1	0	35	2	5	62
110	6	0	5	6	0	4	33	6	0	8	34	4	5	73
115	5	9	5	4	0	5	32	4	1	0	33	4	5	66
120	5	7	5	3	0	4	31	8	0	8	32	6	5	72

Kiefer.

Bonität II.

Alter des Bestandes	Der Durchschnittszuwachs beträgt an Gesammtmasse		an Derbholz		an Reisholz		Werth des Durchschnittszuwachses an Derbholz bei Preis von 6 M pro fm		an Reisig bei Preis von 2 M pro fm		Im Ganzen		Durchschnittspreis pro fm	
	fm	dec	fm	dec	fm	dec	M	₰	M	₰	M	₰	M	₰
15	4	8	.	.	4	8	.	.	9	6	9	6	2	00
20	5	4	.	3	5	1	1	8	10	2	12	0	2	22
25	6	0	1	4	4	6	8	4	9	2	17	6	2	93
30	6	4	2	7	3	7	16	2	7	4	23	6	3	69
35	**6**	**7**	4	3	2	4	25	8	4	8	30	6	4	57
40	**6**	**7**	4	9	1	8	29	4	3	6	33	0	4	93
45	**6**	**7**	5	4	1	3	32	4	2	6	35	0	5	22
50	6	6	5	5	1	1	33	0	2	2	**35**	**2**	5	33
55	6	5	5	5	1	0	33	0	2	0	35	0	5	38
60	6	3	5	5	0	8	33	0	1	6	34	6	5	49
65	6	1	5	4	0	7	32	4	1	4	33	8	5	54
70	6	0	5	2	0	8	31	2	1	6	32	8	5	47
75	5	8	5	1	0	7	30	6	1	4	32	0	5	52
80	5	6	5	0	0	6	30	0	1	2	31	2	5	57
85	5	4	4	9	0	5	29	4	1	0	30	4	5	63
90	5	3	4	7	0	6	28	2	1	2	29	4	5	55
95	5	1	4	6	0	5	27	6	1	0	28	6	5	61
100	5	0	4	5	0	5	27	0	1	0	28	0	5	60
105	4	8	4	4	0	6	26	4	1	2	27	6	5	75
110	4	7	4	3	0	6	25	8	1	2	27	0	5	74
115	4	6	4	2	0	4	25	2	0	8	26	0	5	65
120	4	5	4	1	0	4	24	6	0	8	25	4	5	64

Kiefer.

Bonität III.

Alter des Bestandes	Der Durchschnittszuwachs beträgt: an Gesammtmasse		an Derbholz		an Reisholz		Werth des Durchschnittszuwachses: an Derbholz bei Preis von 6 ℳ pro fm		an Reisig bei Preis von 2 ℳ pro fm		Im Ganzen		Durchschnittspreis pro fm	
	fm	dec	fm	dec	fm	dec	ℳ	₰	ℳ	₰	ℳ	₰	ℳ	₰
15	4	1	.	.	4	1	0	0	8	2	8	2	2	00
20	4	5	.	1	4	4	0	6	8	8	9	4	2	09
25	4	8	1	0	3	8	6	0	7	6	13	6	2	83
30	5	0	1	9	3	1	11	4	6	2	17	6	3	52
35	**5**	**1**	2	9	2	2	17	4	4	4	21	8	4	27
40	**5**	**1**	3	5	1	6	21	0	3	2	24	2	4	75
45	5	0	3	7	1	3	22	2	2	6	24	8	4	96
50	4	9	3	8	1	1	22	8	2	2	**25**	**0**	5	10
55	4	8	3	8	1	0	22	8	2	0	24	8	5	17
60	4	7	3	8	0	9	22	8	1	8	24	6	5	23
65	4	6	3	8	0	8	22	8	1	6	24	4	5	30
70	4	5	3	8	0	7	22	8	1	4	24	2	5	38
75	4	4	3	8	0	6	22	8	1	2	24	0	5	45
80	4	3	3	7	0	6	22	2	1	2	23	4	5	45
85	4	2	3	7	0	5	22	2	1	0	23	2	5	52
90	4	1	3	6	0	5	21	6	1	0	22	6	5	51
95	4	0	3	5	0	5	21	0	1	0	22	0	5	50
100	3	9	3	4	0	5	20	4	1	0	21	4	5	49
105	3	8	3	4	0	4	20	4	0	8	21	2	5	58
110	3	7	3	3	0	4	19	8	0	8	20	6	5	57
115	3	6	3	2	0	4	19	2	0	8	20	0	5	56
120	3	5	3	1	0	4	18	6	0	8	19	4	5	54

Fichte.

Bonität II.

Alter des Bestandes	Der Durchschnittszuwachs beträgt an Gesammtmasse		an Derbholz		an Reisholz		Werth des Durchschnittszuwachses an Derbholz bei Preis von 6 ℳ pro fm		an Reisig bei Preis von 2 ℳ pro fm		Im Ganzen		Durchschnittspreis pro fm	
	fm	dec	fm	dec	fm	dec	ℳ	₰	ℳ	₰	ℳ	₰	ℳ	₰
15	3	5	0	7	2	8	4	2	5	6	9	8	2	80
20	4	1	1	1	3	0	6	6	6	0	12	6	3	07
25	5	0	2	0	3	0	12	0	6	0	18	0	3	60
30	5	7	2	8	2	9	16	8	5	8	22	6	3	96
35	6	5	3	6	2	9	21	6	5	8	27	4	4	22
40	7	0	4	4	2	6	26	4	5	2	31	6	4	51
45	7	5	5	0	2	5	30	0	5	0	35	0	4	67
50	8	1	5	8	2	3	34	8	4	6	39	4	4	86
55	8	6	6	6	2	0	39	6	4	0	43	6	5	07
60	9	1	7	2	1	8	43	2	3	6	46	8	5	15
65	9	4	7	7	1	7	46	2	3	4	49	6	5	28
70	9	5	7	9	1	6	47	4	3	2	50	6	5	33
75	9	4	8	0	1	4	48	0	2	8	50	8	5	40
80	9	4	8	1	1	3	48	6	2	6	51	2	5	45
85	9	3	8	1	1	2	48	6	2	4	51	0	5	48
90	9	1	8	0	1	1	48	0	2	2	50	2	5	52
95	8	9	7	9	1	0	47	4	2	0	49	4	5	55
100	8	7	7	8	.	9	46	8	1	8	48	6	5	59
105	8	4	7	7	.	7	46	2	1	4	47	6	5	67
110	8	2	7	4	.	8	44	4	1	6	46	0	5	61
115	8	1	7	3	.	8	43	8	1	6	45	4	5	61
120	7	9	7	1	.	8	42	6	1	6	44	2	5	60

Buche.

Bonität II.

Alter des Bestandes	Der Durchschnittszuwachs beträgt: an Gesammtmasse		an Derbholz		an Reisholz		Werth des Durchschnittszuwachses: an Derbholz bei Preis von 6 ℳ pro fm		an Reisig bei Preis von 2 ℳ pro fm		Im Ganzen		Durchschnittspreis pro fm	
	fm	dec	fm	dec	fm	dec	ℳ	₰	ℳ	₰	ℳ	₰	ℳ	₰
15	2	52	.	.	2	52	.	.	5	04	5	04	2	00
20	2	91	.	.	2	91	.	.	5	82	5	82	2	00
25	3	35	0	90	2	45	5	40	4	90	10	30	3	07
30	3	81	1	55	2	26	9	30	4	52	13	82	3	63
35	4	27	2	15	2	12	12	90	4	24	17	14	4	01
40	4	66	2	71	1	95	16	26	3	90	20	16	4	33
45	4	99	3	22	1	77	19	32	3	54	22	86	4	58
50	5	27	3	87	1	40	23	22	2	80	26	02	4	94
55	5	52	4	26	1	26	25	56	2	52	28	08	5	00
60	5	72	4	55	1	17	27	30	2	34	29	64	5	18
65	5	85	4	73	1	12	28	38	2	24	30	62	5	23
70	5	93	4	85	1	08	29	10	2	16	31	26	5	27
75	5	99	4	94	1	05	29	64	2	10	31	74	5	30
80	6	02	5	01	1	01	30	06	2	02	32	08	5	33
85	6	04	5	04	1	00	30	24	2	00	32	24	5	34
90	6	05	5	07	.	98	30	42	1	96	32	38	5	35
95	6	05	5	08	.	97	30	48	1	94	32	42	5	36
100	6	03	5	08	.	95	30	48	1	90	32	38	5	37
105	6	01	5	08	.	93	30	48	1	86	32	34	5	38
110	5	99	5	08	.	91	30	48	1	82	32	30	5	39
115	5	97	5	07	.	90	30	42	1	80	32	22	5	40
120	5	94	5	06	.	88	30	36	1	76	32	12	5	41

In allen Fällen rückt die Culmination der Rente fast genau in den Zeitpunkt, in dem der Durchschnittszuwachs des Derbholzes culminirt.

Nun haben wir bei diesen Rechnungen die Preise des 30jährigen Derbholzes denen des älteren bis zum 120jährigen gleich gesetzt. Das ist doch aber in Wirklichkeit nicht der Fall, vielmehr wächst der Preis weiter. Der Effect ist, daß auch die Rentenculmination für einen höheren Umtrieb eintritt.

Forstmeister Kraft in Hannover giebt uns in seinem neuesten Werke „Zur Praxis der Waldwerthberechnung und forstlichen Statik"*) auf pag. 17 eine Curve für die Preissteigerung von Kiefern besserer Bonität, wie sie durch die mit den Jahren sich bessernde Qualität des Holzes hervorgerufen wird.

Danach ist der Preis, wenn man den des 50jährigen Holzes zu 100 festsetzt,

im	55.	Jahre	= 108,
„	60.	„	= 116,
„	65.	„	= 125,
„	70.	„	= 134,
„	75.	„	= 145,
„	80.	„	= 157,
„	85.	„	= 169,
„	90.	„	= 183,
„	95.	„	= 199,
„	100.	„	= 215.

Wenn wir diese Werthe auf die vorhin angeführten Berechnungen für die drei ersten Bonitäten der Kiefer anwenden, so erhalten wir folgendes Resultat:

*) Hannover. Klindworth's Verlag.

Kiefer.

Alter des Bestandes	Kraft'sche Verhältnißzahl	Preis pro fm demnach		Durchschnittszuwachs		Werth des Durchschnittszuwachses		Relativer Werth
		ℳ	₰	fm	dec	ℳ	₰	
				Bonität I.				
50	100	5	51	8	1	44	6	100
55	108	5	95	8	0	47	6	107
60	116	6	39	7	9	50	5	113
65	125	6	89	7	7	53	1	119
70	134	7	38	7	5	55	4	124
75	145	7	99	7	3	58	3	131
80	157	8	65	7	1	61	4	138
85	169	9	31	6	9	64	2	144
90	183	10	08	6	7	67	5	151
95	199	10	96	6	5	71	2	160
100	215	11	85	6	4	75	8	170
				Bonität II.				
50	100	5	33	6	6	35	2	100
55	108	5	76	6	5	37	4	106
60	116	6	18	6	3	38	9	110
65	125	6	66	6	1	40	6	115
70	134	7	14	6	0	42	8	122
75	145	7	73	5	8	44	8	127
80	157	8	37	5	6	46	9	133
85	169	9	01	5	4	48	7	138
90	183	9	75	5	3	51	7	147
95	199	10	61	5	1	55	2	157
100	215	11	46	5	0	57	3	163
				Bonität III.				
50	100	5	10	4	9	24	99	100
55	108	5	51	4	8	26	45	106
60	116	5	92	4	7	27	82	111
65	125	6	38	4	6	29	35	117
70	134	6	83	4	5	30	74	123
75	145	7	39	4	4	32	52	130
80	157	8	01	4	3	34	44	138
85	169	8	62	4	2	36	20	145
90	183	9	33	4	1	38	25	153
95	199	10	15	4	0	40	60	162
100	215	10	97	3	9	42	78	171

Aus dieser Tabelle folgt, daß selbst in dem Zeitpunkte, wo die größte Derbholzmasse nachhaltig geschlagen werden kann, die Geldrente noch lange nicht auf ihren höchsten Punkt gestiegen ist, sondern daß sie fort und fort bis zum 100jährigen Umtrieb wächst.

Aus den Kraft'schen Zahlen läßt sich weiter die Wahrscheinlichkeit entnehmen, daß die Geldrente auch mit dem 100jährigen Umtrieb noch nicht ihr Maximum erreicht haben wird, sondern wahrscheinlich noch weiter steigt. Denn der Durchschnittszuwachs fällt nach dem 100. Jahre nur langsam und es müßte daher die Kraft'sche Curve sich ganz plötzlich umlegen, wenn wir nicht mit dem Umtriebe steigende Renten erhalten sollten.

Der Preis des Holzes von Kiefern II. Bonität braucht, um die Rente 57,3 beim Durchschnittszuwachse der Ertragstafeln weiter zu geben, sich nur von 11,46 ℳ im 100. Jahre zu heben auf

11,97 ℳ im 105. Jahre
12,20 ℳ „ 110. „
12,46 ℳ „ 115. „
12,73 ℳ „ 120. „

§ 47.

Wenn wir demnach im Allgemeinen die Wahrscheinlichkeit zugeben, daß die Geldrente des Waldes mit dem Umtriebe bis über den 100jährigen hinaus steigt, so haben wir, um den Werth dieser Steigerung voll würdigen zu können, auch in Betracht zu ziehen die Höhe des Materialvorrathes, der normalmäßig zu den Renten gehört. Wird nämlich die Erhöhung der Rente nur durch eine sehr große Steigerung des Materialvorrathes möglich, so hat sie offenbar nur einen geringen wirthschaftlichen Werth. Wer z. B. für eine Rente = 1 ein Capital von 100 hingeben oder ansammeln muß, macht damit nur ein sehr schlechtes Geschäft, dessen Wiederholung füglich nicht gerathen werden kann. Hat aber Jemand bisher z. B. für das Capital 30 die Rente 1 erhalten und dabei seine Rechnung gefunden, so kann man ihm sehr wohl die Erhöhung der Renten empfehlen, wenn dieselbe weiter durch eine gleiche Capitalansammlung zu erreichen ist.

Nach den Ertragstafeln erhalten wir über die Erhöhung der Materialcapitalien bei steigenden Umtrieben folgendes Bild:

Normalvorräthe für 100 ha nach den Ertragstafeln.

Umtrieb	Bonität I.		Bonität II.		Bonität III.		Bonität IV.		Bonität V.	
	fm	relat. Zahl	fm	relat. Zahl	fm	relat. Zahl	fm	relat. Zahl	fm	relat. Zahl
Kiefer.										
50	20 008	100	15 058	100	11 638	100	9 496	100	7 468	100
55	22 009	110	16 798	112	12 895	111	10 545	111	8 309	111
60	23 948	120	18 447	123	14 097	121	11 550	122	9 115	122
65	25 854	129	20 005	133	15 249	131	12 512	132	9 886	132
70	27 621	138	21 477	143	16 356	141	13 431	141	10 623	142
75	29 318	147	22 868	152	17 395	150	14 303	151	11 323	152
80	30 985	155	24 183	161	18 440	158	15 123	159	11 983	161
85	32 554	163	25 428	169	19 433	167	15 891	167	12 601	169
90	34 052	170	26 611	177	20 363	175	16 610	175	13 174	176
95	35 483	177	27 734	184	21 265	183				
100	36 849	184	28 798	191	22 125	190				
Fichte.										
50	24 102	100	14 840	100	10 038	100	6 590	100		
55	27 658	115	17 427	117	12 004	120	7 746	117		
60	31 210	130	20 180	136	14 047	140	9 252	140		
65	34 709	144	23 042	155	16 138	161	10 662	162		
70	38 109	158	25 909	174	18 249	182	12 070	183		
75	41 356	172	28 721	193	20 349	203	13 485	205		
80	44 423	184	31 444	212	22 429	223	14 874	226		
85	47 315	196	34 105	230	24 473	244	16 200	246		
90	50 049	208	36 654	247	26 461	264	17 490	265		
95	52 636	218	39 075	263	28 391	283	18 716	284		
100	55 083	228	41 384	279	30 263	301	19 914	302		
Buche.										
50	13 890	100	10 408	100	7 577	100	5 392	100	3 363	100
55	15 938	115	12 075	116	8 804	116	6 352	118	3 933	117
60	17 991	129	13 797	133	10 063	133	7 343	136	4 526	135
65	20 038	144	15 551	149	11 352	150	8 358	155	5 146	153
70	22 078	159	17 309	166	12 668	167	9 390	174	5 799	173
75	24 113	174	19 061	183	14 000	185	10 431	194	6 478	193
80	26 138	188	20 800	200	15 337	202	11 475	213	7 167	213
85	28 141	202	22 523	217	16 680	220	12 518	232	7 863	234
90	30 116	217	24 226	233	18 025	238	13 556	251	8 565	255
95	32 069	230	25 912	249	19 375	256	14 590	270	9 272	276
100	33 999	245	27 573	265	20 715	273	15 620	290	9 984	297

Die Zahlen zeigen uns, daß wir für die Durchführung eines höheren Umtriebes allerdings einen wesentlich höheren Vorrath gebrauchen. Die Zunahme beträgt z. B. für Kiefern II. Bonität, wenn man den Vorrath für den 50jährigen Umtrieb zu Grunde legt, bis zum 60jährigen Umtriebe 23 %. Zu weiterer Steigerung ist aber nicht eine gleiche Erhöhung erforderlich, sie fällt vielmehr von da ab. Um auf den 70jährigen Umtrieb zu gelangen, muß der Vorrath nur noch um 20 % des für den 50jährigen Umtrieb nothwendigen steigen; vom 90jährigen zum 100jährigen beträgt die Steigerung 14 %.

§ 48.

Liefert uns nun der Vorrath von 100 für den 50jährigen Umtrieb die ebenfalls durch die relative Zahl 100 ausgedrückte Geldrente, so haben wir bei 55jährigem Umtriebe bei Kiefern II. Bonität dem auf 112 angewachsenen Vorrath eine nur auf 106 gestiegene Rente gegenüber zu stellen.

Relativ ist also die Geldrente trotz der Steigerung geringer geworden.

Wir wollen, um vollständige Klarheit über dieses Verhältniß zu gewinnen, die Materialcapitalien für 100 ha nach den relativen Zahlen des Vorrathes beim 50jährigen Umtrieb hier zusammenstellen und daneben den relativen Werth der Renten, ebenfalls bezogen auf diejenige bei 50jährigem Umtriebe, geben.

Die letzteren Zahlen stehen uns auf Grund der Kraft'schen Werthszunahmescala zur Verfügung und sind schon berechnet in der letzten Colonne der in § 46 gegebenen Tabelle.

Dividiren wir noch die relative Zahl der Renten durch diejenige der Capitalien, so zeigen uns die Quotienten, in welchem Maße die Rente pro 100 fm Vorrath fällt resp. steigt. Die Division ist in der letzten Colonne zur Ausführung gebracht. Wir haben die herauskommenden Zahlen Verzinsungszahlen genannt, weil sie uns in der That Aufschluß darüber geben, ob die Verzinsung des Materialcapitals durch die Rente mit wachsendem Umtriebe steigt oder fällt.

Umtrieb	Kiefer. Bonität I.			Kiefer. Bonität II.			Kiefer. Bonität III.		
	normaler Vorrath relat. Zahlen	relat. Zahlen der Rente	Verzinsungszahl	normaler Vorrath relat. Zahlen	relat. Zahlen der Rente	Verzinsungszahl	normaler Vorrath relat. Zahlen	relat. Zahlen der Rente	Verzinsungszahl
50	100	100	1,00	100	100	1,00	100	100	1,00
55	110	107	0,97	112	106	0,95	111	106	0,95
60	120	113	0,94	123	110	0,89	121	111	0,92
65	129	119	0,92	133	115	0,86	131	117	0,89
70	138	124	0,90	143	122	0,85	140	123	0,88
75	147	131	0,89	152	127	0,84	150	130	0,87
80	155	138	0,89	161	133	0,83	158	138	0,87
85	163	144	0,88	169	138	0,82	167	145	0,87
90	170	151	0,89	177	147	0,83	175	153	0,87
95	177	160	0,90	184	157	0,85	183	162	0,89
100	184	170	0,92	191	163	0,85	190	171	0,90

Hiernach stellt sich die Sache für die ins Auge gefaßten drei ersten Bonitäten der Kiefer, für welche die Kraft'schen Werthszahlen gelten, derartig, daß allerdings im Verhältniß zum nothwendigen Materialvorrath die Verzinsung bei 50jährigem Umtriebe am besten ist. Von da ab fällt sie ziemlich schnell bis zum 60jährigen Umtrieb, verlangsamt sich dann aber sehr, ja steigt gegen das 100. Jahr wieder etwas an, so daß man kurzweg sagen kann:

> Bei Umtrieben über 65 Jahre hinaus wird der höhere Material-Vorrath durch die Rente in gleicher Höhe verzinst, wie bei dem 65jährigen.

Was wir hier für die Kiefer entwickelt haben, gilt m. M. wahrscheinlich auch für die übrigen Holzarten. Für die Fichte II. Bonität z. B. stellt sich zunächst der Werth des Durchschnittszuwachses bei Anwendung der Kraft'schen Zahlen, die wohl bei der Verwandtschaft der beiden Nadelhölzer übertragbar sind, folgendermaßen:

Fichte.

Bonität II.

Alter des Bestandes	Kraft'sche Verhältnißzahl	Preis pro fm demnach		Durchschnittszuwachs		Werth des Durchschnittszuwachses		relativer Werth
		M	₰	fm	dec	M	₰	
50	100	4	86	8	1	39	4	100
55	108	5	25	8	6	45	2	115
60	116	5	64	9	1	51	3	130
65	125	6	08	9	4	57	2	145
70	134	6	51	9	5	61	8	157
75	145	7	05	9	4	66	3	168
80	157	7	63	9	4	71	7	182
85	169	8	21	9	3	76	4	194
90	183	8	89	9	1	80	9	205
95	199	9	67	8	9	86	1	219
100	215	10	45	8	7	90	9	231

Stellen wir sodann noch den relativen Werth des Vorrathes mit demjenigen des Durchschnittszuwachses zusammen, so erhalten wir wieder die Verzinsungszahl.

Fichte.

Bonität II.

Alter	Normaler Vorrath relative Zahlen	Relative Zahlen der Rente	Verzinsungszahl
50	100	100	1,00
55	117	115	0,98
60	136	130	0,96
65	155	145	0,94
70	174	157	0,90
75	193	168	0,87
80	212	182	0,86
85	230	194	0,84
90	247	205	0,83
95	263	219	0,83
100	279	231	0,83

Diese Herleitungen sind nach mancher Hinsicht in ihren Resultaten überraschend und lassen die Verzinsung des Materialcapitals in ganz anderem Lichte erscheinen, als man bisher annahm.

Wenn auch hier nicht der Ort ist, die Verzinsungsfrage im Speciellen zu beleuchten, so mag doch darauf hingewiesen werden, daß der Procentsatz, mit dem der Vorrath für den 50jährigen Umtrieb sich verzinst, bei der Kiefer mindestens so hoch sein muß, als das in den Ertragstafeln für die Kiefer angegebene Nutzungsprocent.

Dasselbe beträgt ohne Vornutzung

bei Bonität I. 4,1 %,
" " II. 4,4 %,
" " III. 4,2 %.

Die Zahlen sind deshalb als minimale anzusehen, weil sie nur dann gelten würden, wenn 1 fm von 50jährigem Holze durchschnittlich genau so viel werth wäre, wie durchschnittlich 1 fm aller jüngeren Altersklassen. Da dieses aber nicht der Fall ist, der Werth des Vorraths der jüngeren Altersklassen vielmehr geringer ist, so muß die Verzinsung eine höhere sein.

Z. B. der normale Vorrath für eine Waldfläche von 100 ha, die mit Kiefern bestockt ist und der II. Bonität angehört, beträgt 15 058 fm.

Die Nutzung entnehmen wir von 2 ha Schlagfläche mit je 332 fm, also im Ganzen mit 664 fm, d. i. 4,4 % des Vorrathes.

Ist jedes Festmeter, gleichviel, ob es von 50 Jahr altem Holz oder jüngerem entnommen wird, 10 ℳ werth, so verzinst sich durch die Nutzung der Vorrath ebenfalls zu 4,4 %, was wohl sofort einleuchtet.

Nun ist die Annahme aber nicht richtig, vielmehr ist das jüngere Holz weniger werth, als das 50jährige, der Werth des Materialvorraths kann daher auch nicht 150 580 ℳ, sondern muß geringer sein.

Sinkt der Preis im Durchschnitt nur um 1 ℳ, so haben wir einen Werth des normalen Vorraths von 15 058 · 9 = 135 522 ℳ. Die Verzinsung ist, da die Rente die gleiche bleibt, auf 4,9 % gestiegen. Nimmt man den Durchschnittswerth auf 8 *M* an, so gilt der normale Vorrath $15\,058 \cdot 8 = 120\,464$ *M* und die Rente verzinst ihn mit 5,5 %.

§ 49.

Die Renten berechtigen uns zu dem Schlusse, daß absolut gedacht, d. h. ohne Rücksicht auf das reale Altersklassenverhältniß der Bestände, bei Umtrieben bis zu 100 Jahren jeder höhere vortheilhafter ist, als ein niedrigerer, also der 70jährige vortheilhafter als der 60jährige, der 80jährige vortheilhafter als der 70jährige u. s. f.

Im concreten Falle wird aber nur dann ein höherer Umtrieb vortheilhafter sein, wenn das Altersklassenverhältniß demselben entspricht. Haben wir z. B. einen Wald, für den nach den vorhandenen Bestandsaltern der 70jährige Umtrieb richtig ist, so wird für ihn durch Festsetzung des Umtriebes auf 80 Jahre nicht eine höhere, sondern zuerst eine niedrigere Rente erzielt. Der Beweis ist leicht zu führen.

Durch die Aenderung des Umtriebes bleibt zunächst das Alter der Bestände unverändert; ist das älteste Holz 70jährig, so muß eben in diesem gehauen werden, gleichviel ob der Umtrieb 70 oder 80 Jahre zählt. Der 70jährige Umtrieb bringt von 100 ha 1,43 ha, der 80jährige 1,25 ha zum Abtriebe. Die Rente ist also in letzterem Falle kleiner und erst im Verlauf der Wirthschaft wird sie größer, indem der Hieb allmählich zum älteren Holze übergeht und zwar unter normalen Verhältnissen in der halben Umtriebszeit 75jähriges und nach einer ganzen 80jähriges Holz erreicht.

Man wird hiernach das Maximum der sofort beginnenden und n a c h h a l t i g zu beziehenden Rente dann erhalten, wenn man den Umtrieb dem herrschenden Altersklassenverhältniß anpaßt, also wenn dieses auf den 70jährigen Umtrieb hinweist, diesen und nicht einen höheren wählt.

Nun könnte hier der Einwand gemacht werden, daß man eine höhere Rente ja dann erlangt, wenn man den Umtrieb niedriger setzt, denn dadurch erhält man eine größere Hiebsfläche, das Altersklassenverhältniß wird vorläufig wiederum nicht geändert, erst allmählich findet durch den Uebertritt des Hiebes in jüngeres Holz eine Ermäßigung der Rente statt.

Dieser Einwand ist deshalb nicht stichhaltig, weil die höhere Rente nicht nachhaltig zu beziehen ist, wie es unsere Wirthschaft verlangt, sondern ein Aufzehren des Capitals bis zu einem bestimmten Maße mit sich bringt. Sobald die Capitalsreduction durchgeführt ist, wird die Rente dauernd entsprechend klein.

§ 50.

Wir haben bisher nur ganz allgemeine Verhältnisse und die Bedingungen des Normalwaldes in Rechnung gezogen. Das ändert sich in vielen Stücken, sobald wir in die Praxis eintreten.

Es modificiren sich da zunächst die Gesetze der Preiszunahme.

Wenn ich die Bewegungen des Marktes für Holz richtig verstehe, so erzielen diejenigen Sortimente local die Wahrscheinlichkeit des besten Preises, welche regelmäßig in größeren Quantitäten aufgefahren werden. Das ist von mir bereits in einer Arbeit über die Buchennutzholzfrage ausgesprochen und seitdem oft bestätigt gefunden.

Es ist nun einmal die Thatsache nicht zu leugnen, daß um einige wenige Festmeter eines bestimmten Sortiments kein Holzhändler auf einen Termin reist, wohl aber erscheint er, wenn bedeutende Posten zum Verkauf kommen und er wird ein fester Kunde, wenn er weiß, daß er alljährlich seinen Bedarf aus dem Reviere decken kann.

Für meine Ansicht mag noch Folgendes aus der Praxis angeführt werden: Wirkliches Starkholz kommt jetzt nur noch selten in großen Quantitäten aus einem Reviere. Es ist Thatsache, daß es vielfach auch schwer verkäuflich ist.*) Das Letztere erklärt sich m. A. nach sehr einfach aus dem Ersteren, wie denn Manches sich aufklärt, sobald man beim Holze zugiebt, daß das Angebot im Großen erst den Holzconsum im Großen anregt, den Holzhandel belebt und durch Herbeiführung von Concurrenz bis zu einem gewissen Grade den Preis hebt.

Diese Erscheinungen des Marktes sind insofern nicht angenehm, als sie die Anwendung aller allgemeinen Zahlen ausschließen und die darauf basirten Rechnungen über die Rentenhöhe in einem bestimmten Einzelfall als nicht zutreffend erscheinen lassen.

*) Vergleiche Bericht über die XI. Versammlung deutscher Forstmänner zu Coburg.

Auf der anderen Seite bieten sie den Vortheil, daß sie uns bezüglich der Bestimmung des Umtriebes mehr Freiheit lassen und die Wahrscheinlichkeit geben, daß wir, wenn die Dispositionen gut getroffen werden, für sehr verschiedene Umtriebe ein Maximum der Waldrente erhalten.

§ 51.

Wenn wir nun auch den Grundsatz annehmen, daß der Umtrieb nach dem Altersklassenverhältniß festgesetzt wird, weil dann sowohl das nach dem jetzigen Waldzustande mögliche Maximum der Rente gezahlt wird, als auch das Angebot in sich gleicher Waare nachhaltig am gesichertsten erscheint, so bleiben doch, wie schon § 38 ausgeführt ist, noch weitere Rücksichten zu beobachten, die sehr wohl eine Modification bewirken können. Wir wollen hierfür Folgendes noch besonders hervorheben.

Wir werden uns aus technischen Gründen im Allgemeinen nicht für sehr niedrige Umtriebe entscheiden können, weil bei diesen die Kulturflächen zu groß werden.

Rechnet man, daß es nur 5 Jahre lang dauert, bis die Kultur fertig ist und keinerlei Nachbesserungen mehr bedarf, so ist bei 50jährigem Umtriebe normal 0,1 der ganzen Fläche im Kulturbetriebe.

Wie wird es aber, wenn durch den Fraß des Maikäfers und anderer Insecten Nachbesserungen in noch älteren Schonungen alljährlich nothwendig werden? Da giebt es denn so viel Arbeit, daß sie kaum noch zu leisten ist.

Gegen zu niedrige Umtriebe spricht weiter der Umstand, daß Calamitäten, welche die älteste Klasse treffen, viel empfindlicher auf den Gang der Wirthschaft wirken. Der durch höheren Umtrieb bedingte höhere Materialvorrath kann viel eher einmal eine Reduction erfahren, als der geringe des niedrigen. Im ersteren Falle wird noch immer hiebsreifes Holz übrig bleiben, während im letzteren die Gefahr leicht herantritt, den Betrieb aussetzen zu müssen.

Gehen wir mit dem Umtriebe sehr in die Höhe, so hat das für die hier in Betracht kommenden Waldungen ebenfalls seine üblen Seiten. Eine ganze Reihe von Gefahren sucht vorzugsweise die alten Orte auf. Vor allen Dingen ist es, wie schon früher erwähnt, der Windbruch, den wir fürchten müssen. Die Zahl der schädlichen Insecten wächst mit Erhöhung des Umtriebes, ich möchte sagen im Quadrat und namentlich sind die Gefahren, welche von diesen drohen, wohl deshalb für den kleinen Privatwald so zu fürchten, weil er oft nicht unter genügend durch Sachkenntniß gestütztem, wachsamen Schutz steht.

Endlich haben wir noch des Absatzes zu gedenken. In den Staatswaldungen sind überall Umtriebe eingeführt, die an der Grenze des absoluten Rentenmaximums stehen. Es wird aus ihnen eine große Fülle von stärkeren Hölzern regelmäßig angeboten, so daß dadurch der Markt völlig beherrscht wird. Schwächere Hölzer kommen von dort hingegen gar nicht oder selten zum Verkauf. Diese Verhältnisse sprechen ebenfalls zu Gunsten nicht zu hoher Umtriebe. Es bleibt uns demnach ein zwar engerer, aber doch immer noch bedeutender Spielraum, den wir dahin näher präcisiren wollen,

> daß wir die Umtriebszeit nicht unter 60 Jahr und nicht über 100 Jahr festsetzen wollen.

Das ist, beiläufig bemerkt, denn auch diejenige Zeit, in welcher sehr wahrscheinlich die Geldrente fast durchgehend so beschaffen ist, daß sie den zu dem Umtriebe gehörigen normalen Vorrath in gleicher Weise verzinst.

§ 52.

Die Berechnung des Umtriebes nach dem Altersklassenverhältniß gestaltet sich sehr einfach.

Man multiplicirt die Fläche jedes Bestandes mit dem Alter, addirt die gefundenen Producte und dividirt sie durch die Summe der Flächen, die als Factoren bei Bildung der Producte in Rechnung getreten sind.

Daraus geht hervor das mittlere Alter aller Bestände. Der Umtrieb ist gleich dem doppelten mittleren Alter.

Die herauskommende Zahl wird zum Schluß noch nach oben oder unten auf ein volles Jahrfünft abgerundet. Als Bestände werden alle diejenigen Flächen gerechnet, die in der Bestandsbeschreibung aufgeführt, jedoch nicht unter der Rubrik der zu kultivirenden Räumden und Blößen genannt sind. Unfertige Kulturen treten mit dem Bestandsalter 0 in Rechnung.

Ein Beispiel wird zur vollständigen Klarlegung der Sache dienen.

Ein Wald hat:

500 ha		10jährige	Bestände	durchschnittlich	5	Jahr
400 „	11—20	„	„	„	15	„
350 „	21—30	„	„	„	25	„
400 „	31—40	„	„	„	35	„
450 „	41—50	„	„	„	45	„
500 „	51—60	„	„	„	55	„
400 „	61—70	„	„	„	65	„
400 „	71—80	„	„	„	75	„
Sa. 3400 ha						

Das mittlere Alter ist

$$= \frac{500.5 + 400.15 + 350.25 + 400.35 + 450.45 + 500.55 + 400.65 + 400.75}{3400}$$

= 40 Jahr.

Der Umtrieb ist demnach 2 . 40 = 80 Jahr.

§ 53.

Hierbei werden nun noch einige andere Fälle zu besprechen sein. Das Altersklassenverhältniß nämlich ist so beschaffen, daß der rechnungsmäßige Umtrieb

1. vor dem 60. Jahre,
2. hinter dem 100. Jahre liegt,
3. zwar zwischen 60 und 100 Jahr fällt, daß aber Holz, was ganz oder nahezu dem Umtriebe entspricht, wenig oder gar nicht vorhanden ist.

Der erste Fall ist wohl der einfachste und regelt sich dahin, daß man den Umtrieb auf 60 Jahre festsetzt und danach den Betriebsplan aufstellt.

Der zweite Fall kann verschiedene Ursachen haben, nämlich hervorgerufen sein entweder durch eine entsprechende, ganz oder nahezu regelrechte Altersstufenfolge oder durch einzelne besonders alte Bestände.

Liegt das erstere von Beiden vor, so ist der Umtrieb einfach auf 100 Jahr festzusetzen. Der Vorrathsüberschuß kommt dann langsam zur Consumtion. Haben wir es hingegen mit der zweiten Ursache zu thun, so kommt es wesentlich auf den Charakter der alten Bestände an. Sind dieselben raum und lückig, schützen den Boden nicht mehr, läßt sich absehen, daß die Kultur mit jedem Jahre schwieriger, das Holz aber anbrüchiger und schlechter werden wird, so setzen wir noch eine Berechnung an, bei welcher die Altbestände mit ihrer Fläche im Zähler ausfallen. Nach dem dann erfolgenden Resultate wird der Umtrieb festgesetzt resp. wenn er dann unter 60 oder über 100 fällt, auf 60 und 100 normirt.

Sind die alten Bestände aber noch gut und die Bodenverhältnisse derartig, daß die Kultur mit dem gleichen wahrscheinlichen Erfolge auch nach Jahren ausgeführt werden kann, so setzen wir den Umtrieb auf 100 Jahr fest.

Beispiele für den zweiten Fall.

a) Es ist eine nahezu regelmäßige Altersstufenfolge vorhanden:

20 ha	mit	1—10	jährigen	Beständen	durchschn.	5
18 „	„	11—20	„	„	„	15
20 „	„	21—30	„	„	„	25
21 „	„	31—40	„	„	„	35
19 „	„	41—50	„	„	„	45
21 „	„	51—60	„	„	„	55
20 „	„	61—70	„	„	„	65
18 „	„	71—80	„	„	„	75
19 „	„	81—90	„	„	„	85
20 „	„	91—100	„	„	„	95
25 „	„	101—120	„	„	„	110
Sa. 221						

dann ist das Alter = 57,
der Umtrieb = 114

und wird auf 100 herabgemindert.

b) Es sind einzelne sehr alte Bestände vorhanden:

20 ha	mit	1— 10 jähr.	Beständen	durchschn.	5 jährig
18 „	„	11— 20 „	„	„	15 „
20 „	„	21— 30 „	„	„	25 „
21 „	„	31— 40 „	„	„	35 „
19 „	„	41— 50 „	„	„	45 „
21 „	„	51— 60 „	„	„	55 „
20 „	„	61— 70 „	„	„	65 „
20 „	„	71— 80 „	„	„	75 „
20 „	„	81— 90 „	„	„	85 „
30 „	„	130—150 „	„	„	140 „
209 ha					

Das mittlere Alter ist $= \frac{12315}{209} = 59$, der rechnungsmäßige Umtrieb demnach 119.

Sind die 30 ha alten Bestände möglichst schnell zu verjüngen, da sie den Boden unter sich verwildern lassen und das Holz eher schlechter als besser wird, so ist die zweite Rechnung anzustellen, indem wir nur die Bestände bis 90 Jahr in den Zähler, die ganze Fläche aber in den Nenner setzen,

$$\frac{8115}{209} = 39,$$

Umtrieb = 78, abgerundet 80.

Hierbei würde ein rascher Verjüngungsbetrieb möglich sein, indem die 30 ha in 11—12 Jahren planmäßig verschwinden könnten. Nach Ablauf dieser Zeit stellt sich der Umtrieb annähernd auf 100 und kann darauf auch ohne Bedenken fixirt werden.

c) Sind die im Beispiele sub b genannten Altbestände noch gut, so wird der Umtrieb 100. Die Abnutzung geschieht dann in circa 15 Jahren.

In dem dritten Falle, wo zwar der Umtrieb zwischen 60 und 100 Jahr fällt, Holz von dem normalen Alter aber wenig oder gar nicht vorhanden ist, kann der Grund ebenfalls zwiefach sein.

Es können nämlich die der Umtriebshöhe entsprechenden Altersklassen entweder durch jüngere, oder durch diese und durch ältere ersetzt werden.

Normal ist das Altersklassenverhältniß eines Waldes für den 80jährigen Umtrieb folgendes:

10 ha	1—10,	durchschnittlich	5	jährig,
10 „	11—20,	„	15	„
10 „	21—30,	„	35	„
10 „	31—40,	„	25	„
10 „	41—50,	„	45	„
10 „	51—60,	„	55	„
10 „	61—70,	„	65	„
10 „	71—80,	„	75	„

Ersetzen wir in diesem Beispiele die Altersklassen 41—80 Jahr durch 40 ha 60jähriges Holz, so kommt wie bei dem normalen Verhältniß der 80jährige Umtrieb heraus, denn es ist

$$\frac{10 . 5 + 10 . 15 + 10 . 25 + 10 . 35 + 40 . 60}{80} = \frac{3200}{80} = 40$$

und 2 . 40 = 80.

Haben wir aber

20 ha	mit	1— 10	jährigen	Beständen,	durchschnittlich	5	jährig,
20 „	„	11— 20	„	„	„	15	„
20 „	„	21— 30	„	„	„	25	„
20 „	„	110—120	„	„	„	115	„

so ist wiederum

$$\frac{20 . 5 + 20 . 15 + 20 . 25 + 20 . 115}{80} = \frac{3200}{80} = 40$$

und der Umtrieb = 80 Jahr.

In dem ersten dieser Fälle wird Jeder unbedenklich an dem 80jährigen Umtriebe festhalten, aber auch in den anderen möchte ich es thun. Man muß nämlich Eins erwägen: ein Sprung muß doch einmal gemacht werden; wirthschaftet man schnell ab mit den alten Beständen, so kann von den hohen dabei erfolgenden Erträgen soviel zurückgelegt werden, daß der Sprung für denjenigen, welcher die Geldrente bezieht, wenig oder gar nicht bemerkbar ist.

Wählen wir demnach für das letzte Beispiel den 80jährigen Umtrieb, so ist in 20 Jahren das Altholz consumirt. Gute Kulturen vorausgesetzt, finden wir nach Ablauf dieser Zeit:

20 ha	1—20jährige,	durchschnittlich	10jährige	Bestände,
20 „	21—30 „	„	25 „	„
20 „	31—40 „	„	35 „	„
20 „	41—50 „	„	45 „	„

Es entspricht das allerdings zunächst nur einem Umtriebe von 57 Jahren und der Hieb muß sich in 50jährigem Holze bewegen. Bleiben wir aber unbeirrt bei dem 80jährigen Umtriebe, so ist nach abermals 20 Jahren das Altersklassenverhältniß wieder viel günstiger. Wir haben nämlich:

20 ha	1—20jährige,	durchschnittlich	10jährige	Bestände,
20 „	21 - 40 „	„	30 „	„
20 „	41—50 „	„	45 „	„
20 „	51—60 „	„	55 „	„

Das entspricht einem 70jährigen Umtriebe. Nach Ablauf der nächsten 20 Jahre sind vorhanden

20 ha	1—20jährige,	durchschnittlich	10jährige	Bestände,
20 „	21—40 „	„	30 „	„
20 „	41—60 „	„	50 „	„
20 „	60—70 „	„	65 „	„

und innerhalb dieser Periode wird das normale Verhältniß hergestellt.

Der Sprung im Hiebe vom älteren zum jüngeren Holze wird hier schon nach Ablauf der ersten 20 Jahre gemacht. Durch diese schnelle Wirthschaft wird aber auch rasch das richtige Altersklassenverhältniß hergestellt.

Wollten wir hingegen, was namentlich in früherer Zeit vielfach verfochten ist, mit den alten Hölzern so lange haushalten, bis Holz von 80jährigem Alter herangewachsen ist, so müssen wir mit den Vorräthen der jetzt 115jährigen Bestände 50 Jahre lang den Bedarf befriedigen. Das Altersklassenverhältniß, was dem Umtriebe 80 entspricht, ist dabei mit keinem Schritte näher, wohl aber recht weit abgerückt.

Denn wir finden nach 50 Jahren

20 ha	1—50 jährige	Bestände,	durchschnittlich	25 jährig,
20 „	51—60	„	„	„	55 „
20 „	61—70	„	„	„	65 „
20 „	71—80	„	„	„	75 „

was auf einen 110 jährigen Umtrieb hinweist. Werden jetzt innerhalb der nächsten 20 Jahre stets 20 ha abgeholzt, so steht der Hieb nach Ablauf der ersten 20 Jahre im 90 jährigen, nach Ablauf weiterer 20 Jahre im 100 jährigen und endlich nach 60 Jahren im 110 jährigen Holze. In den nächsten 20 Jahren eilt er verhältnißmäßig rasch zum 80 jährigen Holze zurück und bleibt dann in normalen Verhältnissen. Ehe er dahin gelangt, vergehen also im Ganzen 130 Jahre.

Jede Verzögerung mit dem Abräumen der alten Bestände, um den Sprung weniger empfindlich zu machen, läßt uns unverhältnißmäßig spät das richtige Ziel erreichen.

Werden, um das noch weiter auszuführen, für die Abräumung z. B. 30 Jahre bestimmt, so haben wir nach Ablauf der Zeit

20 ha	1—30jährige	Bestände,	durchschnittlich	15jährig,
20 „	31—40	„	„	„	35 „
20 „	41—50	„	„	„	45 „
20 „	51—60	„	„	„	55 „

Das entspricht dem 75jährigen Umtriebe, nach 20 weiteren Jahren steht er etwas höher. Nach 70 Jahren, vom Beginn der Wirthschaft an gerechnet, erreicht der Hieb 80jähriges Holz, geht dann während der nächsten 20 Jahre bis zu 90jährigem und in weiteren 20 Jahren wieder zu 80 jährigem Holze herab. Der Normalzustand ist in 110 Jahren erreicht.

Bei der von uns vertretenen Wirthschaft erreicht der Hieb nach 70 Jahren Holz von 75jähr. Alter, steigt in den nächsten 10 Jahren auf 80jähriges und verharrt dann in den normalen Verhältnissen.

Die schnellere Abwirthschaftung der Altbestände hat dabei aber, wie schon angedeutet, den Vortheil gebracht, daß die Erträge die Bildung eines genügend hohen Reservefonds zulassen und dadurch die Renten mindestens in derselben Höhe, wie bei der anderen Wirthschaft gezahlt werden konnten.

Solche Beispiele lassen sich viele beibringen und zeigen, daß der Grundsatz der richtige ist, den Umtrieb hauptsächlich nach den vorhandenen Altersklassen zu bestimmen und möglichst lange an diesem festzuhalten.

§ 54.

Die Umtriebszeit tritt für uns nur insofern als ein geschlossenes Ganzes auf, als wir damit die jährliche Hiebsfläche berechnen, im Uebrigen zerfällt sie, mag sie nun mit 5 oder 0 endigen, also z. B. 85 oder 90 sein, in Perioden, welche bei jährlichem Betriebe stets die Länge von 10 Jahren haben, bei nicht jährlichem aber auch 12 Jahre zählen können.

Das absolute Festhalten an den 10 Jahren führt nämlich den Uebelstand mit sich, daß die Perioden bei anderem Sprunge der Nutzungen als mit 2 und 5 Jahren nicht die gleiche Zahl von Hauungen erhalten können. Gestattet man hingegen auch 12 Jahre, so kann dieses außerdem geschehen bei Sprüngen von 3, 4, 6 Jahren.

Die der ersten Periode zur Nutzung zu überweisende Fläche berechnet sich sehr einfach dadurch, daß man die Jahresschlagfläche $\frac{F}{u}$ mit der Periodenlänge multiplicirt. Die Periodenfläche wird beim aussetzenden Betriebe durch die Zahl der in einer Periode erfolgenden Hiebe getheilt, um die Fläche für einen zu finden. Zu demselben Resultat kommt man natürlich, wenn man die Jahresschlagfläche mit der Zahl der Jahre eines Hiebsintervalles multiplicirt.

Ist die Fläche des Waldes z. B. = 100 ha, der Umtrieb 60jährig, die Periodenlänge = 12 Jahre, das Hiebsintervall = 3 Jahre, so ist $\frac{F}{u} = 1^2/_3$ ha,

die Periodenfläche $1^2/_3 \,.\, 12 = 20$ ha,

die Schlagfläche $\frac{20}{4} = 5$ ha $= 1^2/_3 \,.\, 3$.

Capitel III.

Grundsätze hinsichtlich der Fälligkeit des Hiebes.

§ 55.

Unsere Wälder können so eingerichtet werden, daß alljährlich, oder so, daß für mehrere Jahre zusammen ein Hieb fällig ist.

Die Werke über die Lehre von der Betriebseinrichtung behandeln die Frage über die Fälligkeit des Hiebes nur sehr kurz; sie erwähnen, daß es einen jährlichen und einen aussetzenden Nachhaltbetrieb giebt, kehren sich in der Entwicklung des Systems aber nur dem ersteren zu. Ganz natürlich ist das insofern, als sie hauptsächlich die Staatsforst-Wirthschaftslehre im Auge haben und die nicht staatlichen Forsten ihrer Sphäre ferner liegen. Es ist bereits erwähnt, daß das preußische Gesetz vom 14. August 1876 und die dazu erlassene Instruction dem aussetzenden Betriebe ein volles Bürgerrecht einräumt und wir haben auch schon angedeutet, daß wir ihm das bewahren wollen.

§ 56.

Der jährliche Betrieb hat den Vortheil, daß die Arbeit eine gleichmäßige ist. Bricht das Frühjahr an, so beginnt die Kulturzeit, regelmäßig ist z. B. im Hochwalde mit Kahlschlagbetrieb eine Fläche da, auf welcher die erste Kultur ausgeführt werden muß, die übrigen sind revidirt und die Nachbesserungen werden ausgeführt. Der Sommer bringt einen Theil der Durchforstungen, der Winter den Rest derselben und den neuen Hieb. Dazwischen läuft der Verkauf des Holzes, die Regelung und Beaufsichtigung der Abfuhr, die Aufstellung der jährlichen Pläne für die weitere Wirthschaft, die Legung der verschiedenen Rechnungen. Alles kehrt so regelmäßig wieder, wie der Zeiger der Uhr auf einen bestimmten Fleck, und in dieser Regelmäßigkeit liegt die Gewähr dafür, daß nichts von dem Programmmäßigen vergessen wird. Freilich wird dieser Gang häufig soweit Schablone, daß Alles vermieden wird, um das zu stören. Abweichungen geben, wenigstens so lange, bis sie sich eingebürgert haben, Mehrarbeit. Der Oberförster hat genug zu thun, man fürchtet Ueberbürdung und bleibt daher bei dem Hergebrachten.

Anders gestaltet sich die Sache beim aussetzenden Betriebe. Die Arbeit kommt da überhaupt ruckweise. Der Hieb bringt Kulturen, der Hieb bringt Termine, Abfuhr und Rechnungen. Das ganze Räderwerk des jährlichen Betriebes ist plötzlich in Bewegung, um nachher wieder für einige Zeit zu ruhen. Das ist ein Nachtheil des aussetzenden Betriebes, der absolut nicht zu leugnen ist.

Der Beamte muß eine regelmäßige Thätigkeit haben, er darf nicht einige Jahre hindurch, wie ein aufs Land gezogener Kahn still liegen, um dann plötzlich wieder in das volle Fahrwasser des Dienstes hineingezogen zu werden. Er muß regelmäßig darin schwimmen.

Und daraus ergiebt sich die einfache Regel: Wo für einen Wald ein Forstbeamter angestellt worden ist, soll man nicht den Wald im aussetzenden Betriebe bewirthschaften und umgekehrt:

wo der Wald im aussetzenden Betriebe bewirthschaftet wird, soll man keinen Beamten lediglich für diesen anstellen.

Damit ist die Scheidewand zwischen dem jährlichen und aussetzenden Betriebe aufgerichtet. Sie knüpft sich allein an die Frage, ob ein ständiges Forstpersonal gehalten wird und werden muß. Unter Forstpersonal ist natürlich hier nur ein technisch gebildetes zu verstehen, nicht auch das der Waldhüter, die schließlich zum Schutze des Waldes gegen Diebstahl oder Feuersgefahr überall hinzugezogen werden.

§ 57.

Ist ein Wald nicht so groß, daß er einen Beamten erhalten kann, so wird also der aussetzende Betrieb gewählt. Dabei ist nun weiter in Betracht zu nehmen, wie groß die Hiebsintervalle sein sollen. Eine bestimmte Regel läßt sich kaum dafür angeben. Will man einen Anhalt haben, so würde ich ihn darin suchen, daß die Schlagfläche nicht unter 3 ha sinkt. Es ist dann Aussicht vorhanden, daß das zur Nutzung kommende Material reichhaltig genug ist, um zunächst dem Waldbesitzer zu geben, was er gerade braucht, und noch Käufer anzulocken.

Auch für den Kulturbetrieb bietet sich vielleicht mancher Vortheil. Die Anlage von eigenen Pflanz-Kämpen möchte ich nämlich dem Besitzer eines im aussetzenden Betriebe bewirthschafteten Waldes nicht anrathen, zunächst deshalb, weil die Wirthschaft dadurch in ihrer Freiheit beengt werden kann. Es ist ein wesentlicher Vortheil des aussetzenden Betriebes, daß er die Conjunctur besser benutzen kann, als ein jährlicher. Der aussetzende Betrieb, wie er hier verstanden ist, kann in jedem beliebigen Jahre des Intervalles hauen, also eben so gut im ersten, wie im letzten. Macht sich z. B. bei Beginn der Wirthschaft absolut keine Nachfrage geltend, so lassen wir einfach den Hieb ruhen und warten noch. Haben wir endlich im letzten Jahre gehauen und trifft es sich, daß die Nachfrage bestehen bleibt, gut, so hauen wir gleich im nächsten Jahre weiter.

Wollen wir uns mit Erziehung des Pflanzmaterials auf eigene Füße stellen, so ist es nothwendig, auch rechtzeitig eine Verwendung desselben zu haben. Wer zweijährig verschulte Kiefern pflanzen will, muß mit Bestimmtheit darauf rechnen können, daß im Jahre 1883 ein Schlag zu bepflanzen ist, wenn er 1881 den Kamp anlegt. Soll man der vorhandenen Pflanzen wegen vielleicht in einem völlig ungünstigen Jahre hauen? Sicherlich nicht! Und daher läßt es sich sehr wohl verfechten, daß der Waldbesitzer beregter Art besser thut, sich aus den zahlreich vorhandenen Quellen das Pflanzmaterial kommen zu lassen.

Gewiß wird er dabei auch geringere Ausgaben haben, als bei der Selbstzucht. Saat und Pflanzkämpe anzulegen, ist zum guten Theile Uebungssache und selbst der Geschickteste ist nicht sicher, daß ihm nicht allerhand Ungeziefer die Pflanzen zerstört oder die Schütte einen Streich spielt. Nur zu leicht kann es geschehen, daß die Kulturfläche vorhanden ist, die eigenen Pflanzen aber fehlen und doch zur Saat oder zum Pflanzenbezuge von Handelsstellen gegriffen werden muß.

Ein weiterer Vortheil einer größeren Hiebsfläche liegt darin, daß dieselbe eine größere Pflanzenzahl erheischt. Es ist doch einmal nirgends auf der Welt anders, als daß diejenigen, die in größeren Posten einkaufen und sicher, wenn auch nicht alljährlich wiederkehrende Kunden sind, besser bedient werden, als die sogenannte Laufkundschaft, der man schon einmal „ganz aus Versehen" einen Ladenhüter als gangbare Waare in die Hand spielen kann. Auch diesen Vortheil gewinnt man, daß man zu den besseren Kunden gezählt wird.

§ 58.

Muß es auch als Regel angesehen werden, daß die Hiebsfläche, die auf ein Intervall fällt, auf einmal gehauen wird, so kann doch auch ohne Bedenken in Aufnahme einer günstigen, aber beschränkten Conjunctur von der Regel abgewichen und zwischendurch ein Theil gehauen werden.

Der aussetzende Betrieb soll gerade für den kleinen Besitzer die Gelegenheit geben, so gut wie möglich Alles zu verwerthen und soll ihm darin die größtmögliche Freiheit gewähren; dabei bleibt er aber doch im Allgemeinen an den Rahmen des Flächenfachwerks gefesselt und wird ihm der Genuß des Ertrages nicht in wilden unregelmäßigen Zügen gestattet werden, sondern nur geregelt nach geaichtem Maße.

Mag nun auch die Materialnutzung fallen wie sie will, die Geldrente ist stets jährlich fällig. Alle Einnahmen aus vorher entnommenen Nutzungen wandern in den Reservefonds, aus dem die unregelmäßigen in regelmäßige ungewandelt herausfließen.

§ 59.

Wir wollen unter diesem Abschnitte noch eine Frage von ganz hervorragender Bedeutung beantworten, nämlich die: Wann kann in einem Walde mit dem Hiebe begonnen werden? muß damit gewartet werden bis Holz von dem Alter des Umtriebes erzogen ist, oder ist es erlaubt, schon früher zu beginnen?

Im Allgemeinen herrscht die Ansicht — ich möchte fast sagen der Aberglaube — daß damit gewartet werden muß, bis das Holz wirklich die Zahl der Jahre erreicht hat, die der Umtrieb zählt. Allein schon Carl Heyer machte darauf aufmerksam, daß, wenn in einem Walde der normale Vorrath und der normale Zuwachs hergestellt seien, letzterer genutzt werden könne und daß sich dann das normale Altersklassenverhältniß von selbst herstelle.*) Der Satz ist auch mehrfach mathematisch in seiner Richtigkeit bewiesen, aber benutzt ist seine Consequenz wenig oder gar nicht. Der Forstmann hat immer Mißtrauen gegen ihn gehabt.

Um ganz elementar zu zeigen, daß der Satz Richtiges enthält, wollen wir hier ein Beispiel einfachster Art anführen. Ein Stück

*) Die Waldertragsregelung von Carl Heyer. 2. Auflage p. 67.

Land von 6 ha wird aufgeforstet. Die Kultur gelingt. Man beschließt 60jährigen Umtrieb im aussetzenden Betriebe, um es einfach zu machen, in 30jährigen Intervallen.

Nehmen wir nun weiter an, daß der Zuwachs jährlich mit 10 pro Flächeneinheit ermittelt ist, so haben wir folgendem normalen Zustande zuzusteuern, der für den Zeitpunkt kurz vor dem Hiebe gilt.

1. Schlag	60jährig	mit	3 ha	Größe;	Vorrath	= 1800
2. "	30 "	"	3 "	"	"	= 900
		Sa.	6 ha		Vorrath	= 2700.

Diesen Vorrath liefert der Bestand bei dem unterstellten Zuwachs im 45. Jahre; mit diesem Zeitpunkte kann daher auch begonnen werden.

Der Etat ist gleich dem normalen Vorrathe des ältesten Schlages, im Normalwalde also gleich 1800.

Der erste Hieb nimmt

	4 ha à 450 = 1800,
es bleiben	2 ha à 450.

Der zweite Hieb findet vor

	2 ha jetzt	75jährig	à 750	= 1500
	4 " "	30 "	à 300	= 1200
Sa.	6 ha			= 2700

Gehauen werden

	2 ha jetzt	75jährig	à 750	= 1500
	1 " "	30 "	à 300	= 300
in Sa.	3 ha			= 1800

Es bleiben 3 ha jetzt 30jährig.

Der dritte Hieb findet vor seinem Beginn

	3 ha jetzt	60jährig	à 600	= 1800
	3 " "	30 "	à 300	= 900
in Sa.	6 ha			= 2700

Der normale Zustand ist hergestellt. Gehauen werden 3 ha jetzt 60jähriges Holz.

Hier konnte also der Hieb bereits im 45. Jahre unbeschadet der Nachhaltigkeit und der Ordnung im Walde beginnen.

Vermehren wir die Zahl der Hauungen durch Verkürzung der Intervalle, so ergiebt sich, daß, je mehr wir uns dem jährlichen Betriebe nähern, um so früher begonnen werden kann, beim jährlichen am frühesten, nämlich ungefähr mit der halben Umtriebszeit.

Nun wollen wir einmal das Gegenstück betrachten. Wir haben mit dem Hiebe gewartet, bis das Holz 60 jährig ist. Jetzt beginnt der Hieb und nimmt die Hälfte der Fläche. Die erste Nutzung ist normal. Für die zweite Nutzung haben wir 90 jähriges Holz, also auch eine sehr viel größere Masse, als normalmäßig ist. Wir haben zuviel gespart und unnützer Weise dem Besitzer die erste Nutzung 15 Jahre lang vorenthalten.

Auch hier ist mit dem dritten Hiebe, der aber erst nach 120 Jahren erfolgt, der normale Zustand hergestellt.

Jeder Waldbesitzer wird mit Recht die Heyer'sche Methode des Hiebes vorziehen und die letztere als falsch verwerfen.

§ 60.

Die Consequenz des Heyer'schen Satzes möchte ich für unser Flächenhiebssystem folgendermaßen aussprechen:

Bei neu angelegten Wäldern, in denen ein normales Altersklassenverhältniß noch nicht existirt, vielmehr jüngere Orte in zu reichem Maße vorhanden sind, fällt es nicht aus dem Rahmen der Nachhaltigkeit, wenn man

1. früher mit dem Hiebe beginnt, als Holz vom Umtriebsalter vorhanden ist,
2. die Flächennutzung, auch wenn höhere Umtriebe beabsichtigt sind, zunächst einem niedrigeren entsprechend hält.

Der Anfang des Hiebes war vorhin nach den Massen bemessen, da wir uns aber nicht auf diese, sondern auf die Flächen stützen wollen, so fehlt uns das Kriterium für den Zeitpunkt, von dem ab die Nutzung zulässig ist. Wir wollen daher die Sache anders anfassen und als Anfang denjenigen Zeitpunkt einsetzen, von dem ab das Holz auf den Markt gebracht und dort zu annehmbaren Preisen Käufer findet.

Was annehmbar bezüglich des Preises ist, muß zwar von Fall zu Fall entschieden werden. Als ein gut brauchbarer Maßstab ist aber meiner Ansicht das Verhältniß zwischen Ertrag und Kulturkosten anzusehen. Ist ersterer zwanzigmal so hoch wie der Betrag der letzteren, so kann man sehr wohl den Abtrieb befürworten, während man z. B. das Zehnfache keinenfalls für hinreichend erachten kann. Dazu ist die Gefahr, die eine Neukultur mit sich führt, zu groß.

Der zweite Satz bietet in seiner Anwendung und Verwerthung sehr weiten Spielraum und es sind Rechnungen nothwendig, um die Richtigkeit der gewählten Maßregeln zu beweisen. Der Gang solcher Rechnungen wird aus dem nachstehend gegebenen Beispiele erhellen.

Haben wir 600 ha gleichaltriges Holz, was später einmal im 100jährigen Umtrieb bewirthschaftet werden soll, ist es im 40jährigen Alter angemessen verwerthbar und legen wir anfänglich eine Flächennutzung zu Grunde, die dem 60jährigen Umtriebe entspricht, so sind der ersten 10jährigen Periode 100 ha zuzuweisen. Gelungene Kulturen vorausgesetzt, haben wir zu Beginn der zweiten Periode

100 ha	durchschnittlich	5 Jahr	altes Holz,
500 „	„	50 „	„ „

Das entspricht einem Umtriebe von 85 Jahren.

Nach weiteren 10 Jahren ist das Altersklassenverhältniß:

100 ha	durchschnittlich	5jährig,
100 „	„	15 „
400 „	„	50 „

was dem 87jährigen Umtriebe entspricht.

Folgen wir mit der Wirthschaft nun auf den 80jährigen Umtrieb, so ist die Flächennutzung 75 ha. Wir haben also nach 10 Jahren

75 ha	durchschnittlich	5jährig,
100 „	„	15 „
100 „	„	25 „
325 „	„	70 „

das ist ein dem rund 90jähr. Umtriebe entsp rechendes Verhältniß.

Folgen wir auch dorthin nach, so wird die Flächennutzung im nächsten Jahrzehnt 66,7 = rot. 67 ha und das Alter am Schlusse folgendes:

67 ha	durchschnittlich	5 jährig,	
75 „	„	15	„
100 „	„	25	„
100 „	„	35	„
258 „	„	80	„

Gehen wir jetzt zum 100 jährigen Umtriebe und bleiben dann bei diesem, so finden wir nach 40 weiteren Jahren:

60 ha	durchschnittlich	5 jährig,	
60 „	„	15	„
60 „	„	25	„
60 „	„	35	„
67 „	„	45	„
75 „	„	55	„
100 „	„	65	„
100 „	„	75	„
18 „	„	120	„

Das entspricht einem Durchschnittsalter von 47 Jahren und dem Umtriebe 94. Die früheren Flächenvorgriffe erweisen sich als vollständig zulässig für Durchführung des 100jährigen Umtriebes, denn nach nochmals 10 Jahren haben wir:

60 ha	durchschnittlich	5 jähriges	Holz,	
60 „	„	15	„	„
60 „	„	25	„	„
60 „	„	35	„	„
60 „	„	45	„	„
67 „	„	55	„	„
75 „	„	65	„	„
100 „	„	75	„	„
58 „	„	85	„	„

d. h. ein Durchschnittsalter von 47,5 Jahren, resp. ein dem 95 jährigen Umtriebe entsprechendes Verhältniß.

Führen wir das Beispiel noch weiter, so verzeichnen wir nach abermals 10 Jahren je 60 ha durchschnittlich 5, 15, 25, 35, 45, 55jähriges Holz, ferner 67 ha durchschnittlich 65jähriges,

75	„	„	75 „
98	„	„	85 „

und nach weiteren 10 Jahren je 60 ha durchschnittlich 5, 15, 25, 35, 45, 55, 65jähriges Holz und

67 ha	durchschnittlich	75jähriges	Holz,
75 „	„	85 „	„
38 „	„	95 „	„

Das Zuviel an 75 und 85jährigem Holz deckt hinreichend den Ausfall an 95jährigem, denn es ist das Durchschnittsalter aller Bestände = 49,5, also fast genau dem normalen gleich.

Ist der Anbau nicht gleichzeitig erfolgt, sondern etwa in einem Zeitraum von 30 Jahren, so läßt sich natürlich bei sehr vorgreifenden Nutzungen nicht bis zum 100jährigen Umtrieb ansteigen, immer bleibt es aber richtig, daß man mit dem Hiebe früher beginnen darf, als Holz vom Umtriebsalter vorhanden ist.

Auch die Durchführung eines solchen Beispiels dürfte von Interesse sein. Haben wir

100 ha	durchschnittlich	5jähriges	Holz,
100 „	„	10 „	„
100 „	„	15 „	„
100 „	„	20 „	„
100 „	„	25 „	„
100 „	„	30 „	„

d. h. durchschnittlich 17,5 Jahr alte Bestände, so wollen wir bei gleichbeginnendem Hiebe wieder die Nutzung des 60jährigen Umtriebes eintreten lassen.

Wir haben dann a) nach 10 Jahren:

100 ha	durchschnittlich	5jähriges	Holz,
100 „	„	15 „	„
100 „	„	20 „	„
100 „	„	25 „	„
100 „	„	30 „	„
100 „	„	35 „	„

das ist im Ganzen durchschnittlich 22jähriges.

b) nach 20 Jahren:

100	ha	durchschnittlich	5	jähriges	Holz,
100	„	„	15	„	„
100	„	„	25	„	„
100	„	„	30	„	„
100	„	„	35	„	„
100	„	„	40	„	„

das ist im Ganzen durchschnittlich 25jähriges.

c) nach 40 Jahren:

100	ha	durchschnittlich	5	jähriges	Holz,
100	„	„	15	„	„
100	„	„	25	„	„
100	„	„	35	„	„
100	„	„	40	„	„
100	„	„	45	„	„

das ist im Ganzen durchschnittlich 28jähriges.

Nach weiteren 10 Jahren ist das Altersklassenverhältniß für den 60jährigen Umtrieb hergestellt.

Wir halten die Consequenzen des Heyer'schen Lehrsatzes für die Betriebseinrichtungen aller neu zusammentretenden Genossenschaften, ebenso auch für diejenigen der jetzt bereits aufgeforsteten und noch aufzuforstenden Oedländereien für überaus wichtig. Wie oft liegt gerade darin der Kern zu aller Opposition, daß man gar nicht abzusehen vermeint, wann eigentlich in dem sogenannt nachhaltig bewirthschafteten Walde mit der Benutzung begonnen werden darf.

Kann man aber mit der Aussicht hervortreten, daß die Nutzung viel früher beginnt, als Holz vom Umtriebsalter vorhanden ist, kann man die Herstellung geordneter Verhältnisse der Betriebseinrichtung in ihrem weiteren Verlaufe überlassen, so wird gewiß manche Opposition verschwinden.

Für den Enkel, der noch nicht vorhanden ist, haben nur Wenige so viel Interesse, um für denselben sich selbst eine Nutzung entgehen zu lassen. Für den Sohn geschieht es fast immer mit größter Bereitwilligkeit.

Capitel IV.

Die Bestandsbeschreibung.

§ 61.

Außer der genauen Aufzeichnung der Flächen, wie sie durch die Vermessungstabelle § 36 gefordert wird, ist eine Darstellung des Waldzustandes vermittelst einer speciellen Bestandsbeschreibung nothwendig.

Der Zweck ist ein mehrfacher, einmal soll die Aufstellung des Betriebsplans dadurch vermittelt und die Prüfung desselben in Bezug auf Zweckmäßigkeit der getroffenen Wirthschaftsdispositionen erleichtert werden, sodann aber wollen wir dadurch die schnelle Orientirung über den Waldzustand jedem neu eintretenden Wirthschafter ermöglichen und endlich die Grundlage geben, nach der die Wirthschaftskarte ausgearbeitet wird.

§ 62.

Die Aufnahme geschieht in der Weise, daß wir jede Wirthschaftsfigur durchgehen und für jede Unterabtheilung derselben die Notizen nach folgenden Vorschriften sammeln.

Wir unterscheiden:

1. solche Orte, in denen nur eine Holzart vorkommt,
2. solche, in denen mehrere Holzarten vorkommen.

Bei Beständen der ersten Art notiren wir die Holzart, bei solchen der zweiten haben wir folgende Unterschiede zu machen:

a) Die Mischholzart ist so vertreten, daß sie zusammenhängende *Flächen* ganz oder zum großen Theile occupirt; die Größe derselben ist aber nicht derartig gewesen, daß sie zur Ausscheidung einer Unterabtheilung Veranlassung gegeben hat.

b) Sie sind nicht flächenweise, sondern horst-, gruppen-, streifen- oder stammweise beigegeben.

Hierbei bleibt zu erläutern, was unter diesen Ausdrücken zu verstehen ist:

Bei der stammweisen Mischung ist der eingesprengte Baum ringsum von anderen Holzarten umgeben;

bei der gruppenweisen Mischung sieht der Beobachter, wenn er sich in die Gruppe hineinbegiebt, die eingesprengte Holzart zwei bis drei Glieder tief stehen;

bei der horstweisen Mischung sieht man von demselben Standpunkte aus die Bäume mindestens drei Glieder tief stehen, vermag aber überall noch den Hauptbestand zu sehen;

verschwindet dieser und kann man den Eindruck empfangen, als sei die Mischholzart eine Hauptholzart, so ist von flächenweiser Beimischung die Rede;

bei der streifenweisen Mischung sieht man von der Mitte aus nach zwei entgegengesetzten Richtungen stets den Hauptbestand, z. B. nach Norden und Süden, nach den rechtwinklig darauf stehenden Richtungen ist dieser aber nicht sichtbar.

Unterständige Mischungen und Schutzhölzer werden ebenfalls genannt und auch bei diesen ein flächen-, horst-, gruppenweiser Stand unterschieden oder ungefähr der Flächenbruchtheil angegeben, auf dem sie sich vorfinden.

§ 63.

Für die Hauptholzart in jedem Bestande ist das Alter anzugeben und zwar sowohl nach den vorkommenden Grenzen wie im Mittel.

Dieses Mittel ist jedoch nicht als einfaches arithmetisches nach den angegebenen Extremen zu berechnen, es soll vielmehr das Alter der zwar zweifellos im Bestande dominirenden, jedoch nicht stärksten Klasse sein.

Wir halten aus folgenden Gründen dieses für das zweckmäßigste. Wenn Ungleichaltrigkeiten in einem Bestande vorkommen, so gilt im Allgemeinen die Regel, daß das Alter der Stämme mit der Stärke des Durchmessers zunimmt, die schwächsten sind also die jüngsten, die stärksten die ältesten. Die Stammzahl verringert sich nun von Jahr zu Jahr und wenn auch hier und da einmal ein dominirender genommen wird, so sind es doch zumeist die schwachen Stämme, welche in Abgang treten. Damit fallen diejenigen fort, welche den Durchschnitt bisher drückten, und es wird kommen, daß ein Bestand innerhalb eines Zeitraums von 20 Jahren nicht 20, sondern mehr Jahre älter wird. Kluppen wir z. B. einen Bestand und finden in demselben, wenn wir die Stämme nach der Stärke in fünf Klassen theilen, an Probestämmen folgendes Alter:

Klasse	I. = 50	Jahre
„	II. = 53	„
„	III. = 56	„
„	IV. = 58	„
„	V. = 60	„

so ist das Mittel aus stärksten und schwächsten $\frac{50 + 60}{2} = 55$, das Mittel aus allen 5 Klassen $^{1}/_{5}(50 + 53 + 56 + 58 + 60) = 277 = 55$. Fällt nun innerhalb der nächsten 20 Jahre Klasse I. fort, so ist das Alter nunmehr

Klasse	II. = 73	Jahre
„	III. = 76	„
„	IV. = 78	„
„	V. = 80	„

das Mittel aus stärksten und schwächsten $= 73 + 80 = 76^{1}/_{2}$, das Mittel aus allen 4 Klassen $^{1}/_{4}(73 + 76 + 80 + 84) = 78^{1}/_{4}$. Der Bestand ist also in 20 Jahren rechnungsmäßig mehr als 20 Jahre älter geworden. Bestimmen wir das Alter nach den dominirenden unter Fortfall der stärksten Stämme, so werden wir an diejenigen gerathen, welche in dem vorigen Beispiele des 50 bis 60jährigen Bestandes in der Nähe des gewählten Probestammes für Klasse IV. liegen und ebendahin wird unsere Wahl auch in dem 73—80jährigen Ort fallen. Es ist sehr wahrscheinlich, daß wir in dem ersten Falle 58 herausbekommen, im zweiten 78; aber selbst wenn wir in dem ersten 57 und in dem zweiten 78 erhalten, so haben wir bei unserem einfachen Verfahren nur mit demselben, aber gelinder auftretenden Uebelstande zu kämpfen, wie bei dem complicirten.

Beiläufig mag hier bemerkt werden, daß vom wissenschaftlichen Standpunkte ein drittes Verfahren das richtigste ist. Bei diesem sind die Massen der Probestämme zu ermitteln und das Alter derselben.

Aus Masse und Alter wird darauf der jährlich erfolgte Durchschnittszuwachs berechnet, indem man die Masse durch das Alter theilt.

Setzt man dann die Massen der Probestämme in den Zähler, die Summe der Durchschnittszuwachsgrößen in den Nenner und führt die Division durch, so erhält man ein Durchschnittsalter, welches hauptsächlich von den massenreicheren und älteren Stämmen regiert wird.

Die betreffende Formel würde sein

$$\frac{m_1 + m_2 + m_3 + m_4 + m_5}{\frac{m_1}{a_1} + \frac{m_2}{a_2} + \frac{m_3}{a_3} + \frac{m_4}{a_4} + \frac{m_5}{a_5}}$$

Auch diese Formel kann aber in ihren Resultaten dahin führen, daß die Bestände in 10 Jahren um mehr als 10 älter werden.

Bei den Mischholzarten wird das Alter nur insofern angegeben, als in der Bestandsbeschreibung zu sagen ist, ob sie gleichaltrig jünger oder älter als die Hauptholzart sind.

§ 64.

Endlich bleibt noch eine Arbeit, nämlich die, an den Grenzen zweier Wirthschaftsfiguren die Bestandshöhen zu messen und einzutragen.

Dieses Geschäft ist da sehr einfach, wo wir es mit gleichartigen Beständen zu thun haben. Es genügt dann oft für lange Streifen die Messung einiger weniger Höhen. Man operirt so, daß man den Rand von den Untersuchungen ausschließt, weil er fast immer etwas andere Verhältnisse zeigt, als der dahinter liegende Bestand. Etwa 15—20 Schritte bestandeinwärts werden Probestämme aus den augenscheinlich stärkeren Klassen ausgewählt und ihre Höhe mit Hülfe eines Höhenmessers gemessen. Das arithmetische Mittel tragen wir als maßgebend ein.

Mehrere Messungen sind hingegen an denjenigen Bestandsrändern nothwendig, wo entweder Bestände von verschiedenen Altersklassen liegen oder wo die Bonität wesentlich verschieden ist. Letzteres findet man namentlich im norddeutschen Flachlande auf Sandboden, wenn das Terrain ein wenig ansteigt. Oft ist das so eclatant, daß bei einem Altbestande das Kronendach in einem Niveau zu liegen scheint, also die Bäume nach der Höhe zu sich um soviel verkürzen, wie der Boden ansteigt. Haben wir unten 25 m hohes Holz, so hat dasselbe bei 5 m ansteigendem Terrain nur noch 20 m. Solche Unterschiede sind natürlich zu berücksichtigen. Die Lage der Punkte, wo die Untersuchung genommen ist, wird sich annähernd durch Schrittzählung bestimmen lassen. Eine genaue Einmessung in die Karte erscheint nicht erforderlich und zwar aus dem einfachen Grunde, weil die Zahlen nur dazu dienen sollen, Taxator, Wirthschafter und controlirende Beamte aufmerksam zu machen auf die bestehenden Verhältnisse und dadurch Mißgriffe sowohl in der Hiebsfolge wie im Hiebsangriff zu verhüten.

Hiebsfolge und zweckmäßige Bestandslagerung sollen uns sichern gegen die Sturmgefahr. Die bisher übliche Darstellung der Bestandslagerung auf den Karten durch Andeutung der Altersklassen und durch Eintragung der Periode, in welcher die Nutzung vorzunehmen ist, hat im Wesentlichen den Zweck gehabt, ein Urtheil möglich zu machen, ob die Dispositionen richtig getroffen sind. Die Darstellung reicht aber meiner Ansicht nicht dafür aus, weit besser und gründlicher orientiren uns die Höhenangaben. Sie sind deshalb auch nicht allein in die Bestandsbeschreibung aufzunehmen, sondern auch auf der Wirthschaftskarte zum Ausdruck zu bringen.

Die Altersangaben allein können vollständig irre führen, wie sich dies an einem Beispiele leicht erweisen läßt:

In der durch nachstehende Figur dargestellten Zeichnung haben wir eine Bestandslagerung, bei welcher dem durch den Pfeil angedeuteten herrschenden Winde entgegen ein 100 jähriger Bestand liegt und hinter diesem steht ein 80 jähriger. Die Holzart ist die Fichte.

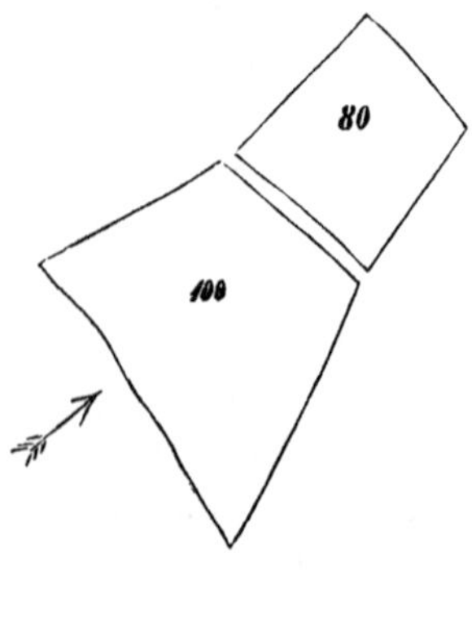

Ist nun der jüngere aus Saat entstanden, in demselben der Durchforstungsbetrieb wenig gehandhabt und haben wir es mit III. Bonität zu thun, so wird selbst bei der so sturmgefährdeten Fichte ohne jede Gefahr die Freistellung des Bestandes erfolgen können. Der 100jährige ist ohne Bedenken disponibel und sein Anhieb kann gegen die herrschende Windrichtung vom Rande des 80jährigen Bestandes her erfolgen.

Haben wir aber genau dieselben Altersklassenverhältnisse auf I. Bonität und ist der 80jährige Bestand aus Pflanzung entstanden, durch regelmäßige Durchforstungen im Wuchse vorgetrieben, so würde es ein sehr großer Fehler sein, wenn man den Altbestand fortnehmen wollte.

Die Höhenverhältnisse des Bestandes stellen das sofort klar, selbst wenn man absolut keine Ahnung von den Altersklassen hat.

Im ersten Falle hauen wir nämlich einen Bestand frei, der unter normalen Verhältnissen nach Kunze's Ertragstafeln 20,2 m, nach Lorey 20,7 m Höhe hat, unter den geschilderten aber kaum 19 m messen wird, nach Baur's Ertragstafeln hat er nur 17,2 m. Im anderen Falle wird der Bestand dagegen nach den Kunze'schen Angaben 26,6 m Höhe und nach den Baur'schen 27,9 m, nach den Lorey'schen 29,7 m messen, also bereits eine Höhe erreicht haben, die die Freistellung unmöglich erscheinen läßt.

Die Höhe ist nun einmal dasjenige Moment, was zumeist den Sturm gefahrbringend macht. Hebt man es aber in der richtigen Weise heraus und bringt es zur sachgemäßen Darstellung, so müssen die directen Fehler in den Hiebsdispositionen sofort auffallen und man wird vor definitiver Feststellung des Betriebsplanes eine Correctur vornehmen können. Auch zweifelhafte Fälle sind leicht herauszufinden und dann durch eine Prüfung im Walde aufzuklären.

Die Höhenangaben auf der Karte werden sich als wesentliche Hülfe nach mancher Richtung hin erweisen und deshalb glaube ich auch, daß sie einmal eingebürgert, nicht wieder verschwinden werden.

§ 65.

Die gesammelten Notizen sind unter Benutzung des nachstehenden Formulars übersichtlich zusammenzustellen:

Belauf Block

					Beschreibung					
					Der Hauptbestand wird gebildet				Außerdem kommt vor	
Waldort	Wirthschaftsfigur	Abtheilung	Zur Holzzucht benutzte Fläche		durch Holzart	Alter			Holzart	Stellung — Alter
			ha	d		von	bis	Mittel		

estandes					Betriebsvorschläge und Bestimmungen								
Höhen des Bestandes an den Rändern	unfertige Kulturen		zu kultivirende Räumden und Blößen.		hiebsnothwendig hiebsreif Lichtungen Durchforstungen	Fläche		Vorschlag des Taxators	Fläche		Genehmigte Betriebsdisposition	Fläche	
	ha	d	ha	d		ha	d		ha	d		ha	d

Ueber die Ausfüllung des Formulars ist nur wenig noch zu sagen:

Die Colonnen

zur Holzzucht benutzte Fläche,
unfertige Kulturen,
Räumden und Blößen,

werden nach den Angaben der Vermessungstabelle (§ 36) gemacht.

Die Eintragungen über die Hauptholzart, das Alter, die Mischhölzer und deren Stellung erläutern sich aus dem Vorgetragenen und dem unter § 72 gegebenen Beispiele.

Die Eintragung der Höhen wird am zweckmäßigsten so geschehen, daß man eine Zeichnung der Abtheilung im Maßstabe der Wirthschaftskarte giebt und die Zahlen dort an diejenigen Punkte setzt, wo sie im Walde gefunden wurden.

Ein Beispiel zeigt uns die nebenstehende Figur, welche in Abtheilung a einen Kiefernbestand, in b einen Eichenort darstellen soll. Die Kiefern haben in der Nordwest-Ecke eine Höhe von 20 m, am Nordrande sind sie nur 19 m hoch, fallen im Osten bis zu 18 m und zeigen die geringste Höhe im Süden. Analoges Verhalten zeigt die Eichenabtheilung.

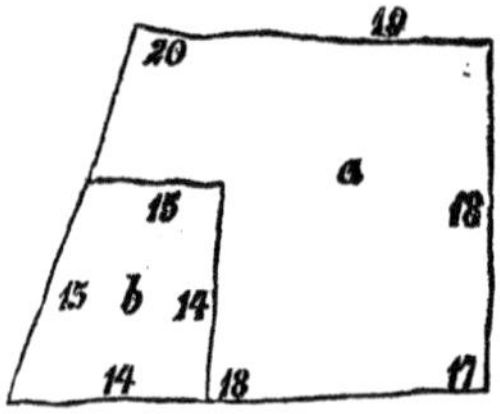

Aus den wenigen Zahlen wird man sofort entnehmen, daß die Standortsverhältnisse am günstigsten auf der Westgrenze sind. Sie verschlechtern sich von NW nach SO. Während man nämlich nach dem angegebenen Alter und der erreichten Bestandshöhe den nordwestlichen Theil des Bestandes als Bonität II. für die Kiefer anzusprechen hat, haben wir im Südosten nur noch dritte Bonität.

Die Handzeichnungen werden stets nach Norden orientirt. Wo es der Raum gestattet, kann die ganze Wirthschaftsfigur zusammen aufgetragen werden, selbstverständlich ist aber dann der Erkennungsbuchstabe einzutragen.

Die den Betriebsvorschlägen und Bestimmungen gewidmeten Colonnen finden später ihre Erläuterung.

Capitel V.

Die Auswahl der Betriebsbestände.

§ 66.

Unter einem Betriebsbestande wollen wir einen solchen verstehen, in welchem planmäßig innerhalb der nächsten Periode eine Holznutzung stattfindet. Es kann diese ebenso gut in dem Abtriebe des Bestandes, wie in dem Anhiebe zum Zwecke der natürlichen Verjüngung, ebenso gut in einem Lichtungshiebe, wie in einer Durchforstung bestehen. Bedingung dagegen ist, daß sie planmäßig vorgesehen werden soll. Wollten wir auch die nicht planmäßigen beachten, so würden schließlich wohl alle Orte als Betriebsbestände anzusehen sein, denn die natürliche Verminderung der Stammzahlen bringt innerhalb eines Decenniums überall Nutzungen hervor.

Wir treffen zunächst eine erste Auswahl der Betriebsbestände, wobei entscheiden Rücksichten des Waldbaues, der Bestandspflege, des Forstschutzes und der Zuwachsverhältnisse. Unabhängig stellen wir uns dabei noch von dem Zwange, den uns später bezüglich der in Betrieb zu nehmenden Fläche der Umtrieb und die Nachhaltigkeit auflegen.

Eine erste Colonne der zweiten Abtheilung in dem § 65 abgedruckten Formulare dient zur Aufnahme der betreffenden Notizen. Diese selbst sind nach folgenden Unterscheidungen zu machen:

1. hiebsnothwendige Bestände,
2. hiebsreife Bestände,
3. Lichtungen,
4. Durchforstungen.

Hierüber ist Folgendes noch zu sagen:

§ 67.

Hiebsnothwendig kann ein Bestand aus waldbaulichen und aus finanziellen Rücksichten sein, aus ersteren ist er es dann, wenn der Boden unter ihm dauernd zurückgeht. Es tritt das ein, wenn ein Bestand so lückig ist, daß er den Boden nicht mehr zu schützen vermag und die Stämme so weit auseinanderstehen, daß nach ihren Zuwachsverhältnissen eine Verdichtung des Schlusses unmöglich ist. Die Zuwachsverhältnisse sind hierbei deshalb besonders zu betrachten, weil sehr wohl ein Bestand vorübergehend den Eindruck eines hiebsnothwendigen machen kann. Nach einer umfangreichen Schneebruchcalamität, nach heftigen Sturmschäden, nach einem Insectenfraße sieht mancher Bestand so licht, so krank in der Belaubung resp. Benadelung, so heruntergekommen aus, daß man leicht an seiner Reproductionskraft verzweifelt. Erblickt man denselben Ort nach wenigen Jahren wieder, so hält man es oft kaum für möglich, daß eine solche Veränderung eintreten konnte: Die Lücken sind zugezogen, das Laubdach ist dicht, der üppige Graswuchs zurückgedrängt; kurzum Alles ist wieder auf dem besten Wege, um in gute Bahnen einzulenken.

Es ist daher Vorsicht dringend anzuempfehlen, ehe man das Wort „hiebsnothwendig" ausspricht. Windbruch und Schneebruchcalamitäten, die stammweise, nicht nester- und flächenweise erfolgen, wirken mitunter wie starke Durchforstungen, indem sie den Zuwachs erheblich steigern.

Hält der Taxator den Bestand wirklich für derartig, daß er dauernd die Aufgabe, die Bodenkraft zu schützen, nicht erfüllt, so wird in die Colonne die Hiebsnothwendigkeit eingetragen.

Es kann ein Bestand ferner aus geldwirthschaftlichen Rücksichten hiebsnothwendig sein, z. B. wenn die Rothfäule mit jedem Jahre größere Dimensionen annimmt oder wenn vielleicht durch den Bau einer Bahn, einer Chaussee ein Bestand derartig geöffnet ist, daß er ohne jeden Zweifel dem Windbruch oder Wurf anheimfällt.

Wir können den allgemeinen Gedanken, der uns leiten soll, so aussprechen: Finanziell liegt die Hiebsnothwendigkeit vor, wenn ein längeres Stehenlassen des Bestandes die Wahrscheinlichkeit mit sich bringt, daß er an Gebrauchswerth verliert.

Trotz dieses leitenden Gedanken werden wir mitunter in Zweifel darüber sein, ob die Hiebsnothwendigkeit vorhanden ist. Zur Entscheidung möchte es empfehlenswerth sein, das Alter mit in Betracht zu ziehen und bei jüngeren Beständen abzuwarten, ältere aber in die Rubrik aufzunehmen.

Sehr einfach gestaltet sich die Beantwortung der Frage, was wir zu den hiebsreifen Beständen zu rechnen haben. Es gehören nämlich dahin alle Bestände, die das volle Umtriebsalter erreicht haben.

Die hiebsnothwendigen haben den Vorrang vor den hiebsreifen und aus ihnen werden in erster Linie bei definitiver Festsetzung des Planes die Betriebsbestände gewählt.

Die Ansetzung von Lichtungen und Durchforstungen geschieht nach den Rücksichten der Bestandspflege. Die Masse, welche der Hieb zu liefern hat, wird aber auch hier nicht angegeben, weil dem Wirthschafter darin volle Freiheit gelassen werden muß. Angaben erscheinen mir deshalb von geringem Werth, weil für die Zeit der Ausführung eine ganze Periode zur Verfügung steht und es ein wesentlicher Unterschied sein kann, ob man am Anfang oder Schluß durchforstet. Wie leicht können auch Calamitäten störend eingreifen und die Zahlen ungültig machen. Thatsächlich liegt die Sache denn auch so, daß die Zahlen der Abschätzungswerke nur den Werth einer persönlichen Meinung des Taxators haben, an die sich bei Aufstellung der jährlichen Hauungspläne und der definitiven Festsetzung der Durchforstungserträge Niemand ernstlich hält. Das Bedürfniß entscheidet und deshalb genügt es meiner Ansicht überhaupt auszusprechen, daß durchgeforstet werden soll.

Das wie und wann wollen wir dem Wirthschafter zur Beurtheilung überlassen.

Capitel VI.

Die Aufstellung des Betriebsplanes.

§ 68.

Nachdem nun die Arbeiten, welche bis dahin beschrieben wurden, geliefert sind, gestaltet sich die Aufstellung des eigentlichen Betriebsplanes außerordentlich einfach dahin, daß unter Anhalt an den festgesetzten Umtrieb, sowie die vorliegende Betriebsfläche und den danach für die erste Periode entfallenden Flächenabnutzungssatz aus den als hiebsnothwendig und hiebsreif bezeichneten Beständen blockweise diejenigen ausgewählt werden, welche in die erste Periode gesetzt werden sollen.

Haben wir z. B. in einem Blocke eine Fläche von 1240 ha an fertigen Kulturen und Beständen, soll dabei der Umtrieb auf 80 Jahre festgesetzt werden, so sind von den Beständen, die als hiebsnothwendig und hiebsreif in dem Betriebsplane bezeichnet sind, 155 ha für die erste Periode auszuwählen.

§ 69.

Ehe die Rechnung $\frac{F}{u}$ angestellt werden kann, wollen wir noch besprechen, was unter dem F hier einzusetzen ist.

Es ist die Summe der in einem Blocke durch die Vermessungs-Tabelle als zur Holzzucht bestimmt und bestanden bezeichneten Flächen. Es bleiben mithin außer Betracht

1. die als Räumden und Blößen bezeichneten Flächen,
2. die unfertigen Kulturen.

Unbedingt gerechtfertigt erscheint das Fortlassen der Blöße. Sie bringt zu der jährlich im Walde producirten Holzmasse nichts und es würde geradezu ungerechtfertigt erscheinen, wenn man nur aus dem Grunde, weil sie vorhanden ist, die Flächennutzung im Walde erhöhen wollte. Das würde aber der Effect sein; denn ist in dem vorhin (§ 68) angezogenen Beispiele außer der Fläche von 1240 ha noch eine solche von 80 ha Blöße dabei, so würde die jährliche Schlaggröße $\frac{1320}{80} = 16{,}5$, die periodische $= 165$ ha, mithin erheblich höher als vorher sein. Der Wald ist aber genau derselbe geblieben, ebenso die Production und man kann daher die höhere Flächennutzung nur als eine über die Nachhaltigkeit gehende ansehen.

Nicht ganz so schlimm liegen die Verhältnisse bei dem Hereinziehen der Räumden. Diese produciren doch immerhin noch etwas Holz und um eben so viel könnte deshalb die Nutzung erhöht werden. Zudem können sie ja wirklich in Abtrieb genommen werden, was bei der Blöße unmöglich ist. Dennoch möchte ich mich aus zwei Gründen gegen die Aufnahme entscheiden. Der erste liegt darin, daß für die Zeit, wo die Räumden die Schlagflächen bilden, die Renten so niedrig werden, daß der Besitzer nicht damit zufrieden sein kann. Die Ergänzung bis zu einer ausreichenden

Höhe aus dem Reservefonds wird dabei aber namentlich im Anfang der Wirthschaft unmöglich sein.

Der zweite Grund liegt darin, daß es für die Hebung des Waldzustandes nothwendig ist, möglichst schnell die Räumden in voll producirende Bestände zu verwandeln.

Fügen wir die Räumden in den Verband ein, so kann die Kultur nur in dem durch die Flächennutzung vorgeschriebenen, keinenfalls in rascherem Schritt vorrücken, stellen wir sie dagegen den Blößen gleich, lassen sie aus der Berechnung der Fläche fort, so erhält die Wirthschaft die Freiheit, mit der Kultur in beliebig rascherem Tempo vorzuschreiten und es dahin zu bringen, daß womöglich mit dem Beginn der zweiten Periode die Räumden verschwunden sind.

Endlich haben wir auch die unfertigen Kulturen fortgelassen. Der Zweck, den wir dabei verfolgen, ist, eine weitere Sicherung der Nachhaltigkeit zu erhalten. Nur dann, wenn gut kultivirt wird, liefert der Wald nachhaltig die volle Rente. In den meisten bäuerlichen Waldungen der Mark Brandenburg wurde z. B. auch früher kultivirt, d. h. man zog, wenn die Gespanne sonst nichts zu thun hatten, Pflugfurchen, warf Samen hinein und bekümmerte sich nicht weiter darum, wie viel oder wie wenig aufgegangen war. Und in den meisten Fällen war das herzlich wenig, der Stand der Pflanzen wurde in der Folge dann weiter derartig decimirt, daß die wenigen übrig gebliebenen Kiefern ihre Aeste nach Belieben ausbreiten und jene bekannten Kusselbestände bilden konnten, die auf weiten Strecken zu finden sind.

Der Effect der hier vertheidigten Maßregel ist eine Verkleinerung der Hiebsflächen bei schlechtem und die Gewährung einer möglichst hohen Flächenabnutzung bei gutem Kulturbetriebe.

Beides wird leicht durch ein Beispiel klar werden:

Haben wir in dem Betriebsplane gefunden

860 ha	Bestände,
30 „	Blöße,
40 „	unfertige Kulturen,
8 „	Räumden
938 ha	

und 70jährigen Umtrieb, so kann bei 10jährigen Perioden nur eine Abtriebsfläche von $\frac{860}{7}$ = rot. 123 ha zugebilligt werden.

Läßt nun der Besitzer sich die Kultur der Blößen und Räumden, die Nachbesserungen und die Aufforstung der durch die Nutzung entstehenden neuen Blößen am Herzen liegen, so daß am Schluß der Periode bei der Taxationsrevision gefunden werden

910 ha Bestände,
12,3 „ Blößen,
15,7 „ unfertige Kulturen,

so kann die periodische Flächenabnutzung auf $\frac{910}{7} = 130$ ha, also um 7 ha höher festgesetzt werden.

Gewiß wird eine solche, auf guten Kulturbetrieb gelegte Prämie auch dazu anspornen, sie zu erwerben.

Der Effect eines liederlichen Kulturbetriebes stellt sich hingegen folgerichtig so, daß zu der Rubrik der unfertigen Kulturen mehr und mehr Fläche wandert. Bei der nächsten Revision wird daher die Betriebsfläche kleiner, mithin auch die Hiebsfläche, und wie wir später sehen werden, in diesem Falle auch die Rente.

Die Flächenabnutzung ist somit genau an den Erfolg des Kulturbetriebes geknüpft und damit meiner Ansicht nach der Schlußstein für die Durchführung eines nachhaltigen Betriebs gesetzt.

§ 70.

Steht die Fläche fest und ist der Quotient $\frac{F}{u}$ blockweise berechnet, so ist es Sache des Taxators die engere Wahl unter den Beständen zu treffen, die zur Erfüllung des Flächenetats zum Abtrieb in Vorschlag gebracht und in die bezügliche Colonne des Formulars für den Betriebsplan aufgenommen werden sollen.

Dieses Geschäft kann ein sehr einfaches sein, wenn die als Betriebsbestände ausgesuchten Orte fast genau die Quote decken und keinerlei Rücksichten bezüglich der Hiebsfolge zu nehmen sind. Ein solcher Fall gehört aber wohl zu den großen Ausnahmen und die Regel wird sein, daß die hiebsreifen und die hiebsnothwendigen

Bestände auf größeren Flächen vorhanden sind, als der Plan es verlangt.

Der Taxator hat daher eine Sichtung vorzunehmen und vornweg alle diejenigen Bestände auszuscheiden, die durch die Verjüngung eine nicht geschickte Bestandslagerung hervorrufen. Die Verhältnisse sind nach dieser Richtung einer möglichst genauen und strengen Prüfung zu unterziehen. Die Rücksicht auf die Nachbarn kann dabei auch das Stehenlassen eines für sich allein als hiebsnothwendig angesprochenen Bestandes rechtfertigen.

Bei jedem dann noch in Betracht kommenden Bestande muß sich der Taxator die Frage vorlegen, welche Vortheile und Nachtheile Hieb, resp. Verschonung mit demselben dem Walde und seinem Besitzer bringen, um je nach der Beantwortung die Entscheidung zu treffen. So werden z. B. Bestände, die zur Rothfäule neigen, jetzt aber noch leidlich gesund sind, ferner Bestände, die augenblicklich noch empfänglichen Boden haben, aber bei weiterer nicht genügender Beschirmung der späteren Verjüngung erhebliche Verlegenheiten bereiten werden, oder endlich Bestände, deren Zuwachsprocent unter den Betrag gesunken ist, der vom Taxator als ein minimaler angesehen wird, zu hauen sein. Entgegengesetzt aber treten diejenigen Bestände in die Reihe der zu erhaltenden, welche trotz erlangtem Haubarkeitsalter den Boden noch vollständig decken, gesund sind, und noch ein Zuwachsprocent zeigen, was der vorhin gedachten Grenze fern bleibt.

Liegt der Fall vor, daß die bei der ersten Auswahl gewonnenen Bestände den periodischen Flächenantheil nicht erreichen, so muß von dem Taxator aus der Gesammtheit der Bestände eine zweite Auswahl angestellt und dadurch der Quotient $\frac{F}{u}$ vollgemacht werden.

Der Entschluß des Taxators wird in jedem Falle in die Colonne „Vorschlag des Taxators" eingetragen.

§ 71.

Damit ist nun Alles soweit vorbereitet, daß die definitive Festsetzung derjenigen Orte erfolgen kann, in denen der Hieb zu führen ist.

Hierbei bietet sich nochmals Gelegenheit, alle vorhandenen Zweifel über die Wahl des einen oder anderen Bestandes zur

Sprache zu bringen und zu entscheiden, so daß die Arbeit sich zugleich zu einer letzten Revision der gemachten Vorschläge gestaltet.

Die definitive Auswahl hält sich genau an die rechnungsmäßige Hiebsfläche und bestimmt, welche Wirthschaftsfiguren ganz zum Hiebe kommen und zugleich auch diejenige, in welcher nur ein Theil zu nehmen ist. Die Größe desselben ist im Plane anzugeben, draußen im Walde aber ist er wie eine besondere Abtheilung auszuzeichnen, in der Karte erscheint er als Betriebsfläche angelegt.

In dem Beispiel*) ist die ganze Flächengröße = 236,2 ha und nach Abzug der zu kultivirenden Blöße 235,7 ha. Von dieser Fläche gehen noch die unfertigen Kulturen mit 5,1 ha ab, so daß im Ganzen als bestanden bleiben 230,6 ha und auf die 10jährige Periode des 100jährigen Umtriebes eine Fläche von 23,1 ha entfällt.

Der Vorschlag des Taxators geht dahin, die hiebsnothwendige Fläche von 10,8 ha in Figur 1 zu hauen, sodann die hiebsreifen Bestände in 13b und 14b mit 1,3, resp. 10,8 ha. Das ist zusammen eine Fläche von 22,9 ha. Es fehlen also noch 0,2 ha.

Es ist in Vorschlag gebracht, diese zu entnehmen von der Ostspitze der Figur 4, Abtheilung a, aus einem Bestande, der jetzt noch nicht als hiebsnothwendig, sondern nur als hiebsreif trotz seines hohen Alters angesprochen ist, der aber zweifellos in der nächsten Periode unter die hiebsnothwendigen Bestände gesetzt werden wird.

Die Bestätigung dieser Vorschläge unterliegt keinem Bedenken und es kann die Ausfüllung der letzten Colonne erfolgen.

Auch die Durchforstungen sind bei diesem letzten Gange festzustellen. In dem Beispiele sind die bezüglichen Vorschläge des Taxators mehrfach geändert. Die Wirthschaft ist jedoch hier nicht so streng an den Plan gebunden und es haben die Bestimmungen nur den Charakter eines nach bestem Wissen und Willen zur Zeit abgegebenen Vorschlages, von dem nach Lage der Absatz-Conjunctur und nach Rücksichten der Bestandspflege abgewichen werden kann.

*) pg. 134 und 135.

§ 72.

Der Betriebsplan ist im Formular mit der Bestandsbeschreibung zu verbinden und erhält die drei letzten Colonnen des in § 65 mitgetheilten und für das nachstehende Beispiel benutzten Schemas.

Die erste davon enthält die im § 66 bereits besprochene Charakteristik des Bestandes, je nachdem derselbe zu bezeichnen ist als hiebsnothwendig, hiebsreif, zu durchforsten oder zu lichten. Die ersten beiden Kategorieen tragen wir mit der Fläche, die anderen ohne dieselbe ein.

Die Flächenangabe hat den Zweck, uns einen raschen Ueberblick über die Summen zu gestatten und als Wegweiser dafür zu dienen, ob die Vorschläge des Taxators, welche in die zweite Hauptcolonne kommen, Bestände zurückstellen oder noch in die Reihe der hiebsreifen hervorziehen müssen.

Die zweite Colonne „Vorschlag des Taxators" wird ausgefüllt mit den je nach den obwaltenden Verhältnissen zu wählenden Worten:

zu hauen,
zu lichten,
zu durchforsten.

Die zu hauenden Orte werden wiederum mit der Fläche eingetragen.

Die dritte Colonne „definitive Festsetzung" ist genau ebenso eingerichtet wie die zweite und wird in gleicher Weise ausgefüllt. Sie ist diejenige, nach welcher die Karte zu zeichnen ist und deren Bestimmungen für den Wirthschafter bezüglich der Hauptnutzung unbedingt, bezüglich der Vornutzung bedingt maßgebend sind.

Blockweise wird endlich der Plan von dem Taxator und den etwa zugezogenen Obmännern und Revisoren zur Anerkenntniß der darin enthaltenen Bestimmungen unter Beifügung des Datums unterschrieben.

Belauf										Block	
					Beschreibung d						
Waldort	Wirthschaftsfigur	Abtheilung	Zur Holzzucht benutzte Fläche		Der Hauptbestand wird gebildet				Außerdem kommt vor	
					durch	Alter				
			ha	d	Holzart	von	bis	Mittel	Holzart	Stellung — Alter
Bachholz	1.	a.	10	8	Eiche	120	250	180	Buche	gruppenweise — gleichaltri
									Kiefer	einzeln — jünger
									Birke	desgl. — "
		b.	1	0	Kiefer	40	50	45	Buche	desgl. — gleichaltri
									Eiche	desgl. — "
	2.	a.	21	2	Kiefer	65	75	70	Eiche	horstweise — "
									Buche	desgl. — "
									Buche	flächenweise unterständig
		b.	1	3	Eiche	40	50	50	Kiefer	einzeln — gleichaltr
									Buche	gruppenweise — "
									Birke	einzeln — "
Mühlenteichhau	3.	.	9	4	Kiefer	80	100	90	Buche	unterständig — jünger
	4.	a.	16	9	Eiche	120	200	180	Buche	einzeln — gleichaltr
									Kiefer	einzeln — "
		b.	4	2	Kiefer	35	45	40	Kiefer	Ueberhälter — —
									Birke	einzeln — gleichaltr
Sa. I.			64	8						

estandes						Betriebsvorschläge und Bestimmungen								
Höhen des Bestandes an den Rändern		unfertige Kulturen		zu kultivirende Räumden und Blößen		hiebsnothwendig hiebsreif Lichtungen Durchforstungen	Fläche		Vorschlag des Taxators	Fläche		Genehmigte Betriebsdisposition	Fläche	
		ha	d	ha	d		ha	d		ha	d		ha	d
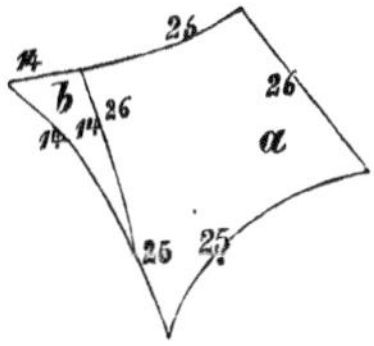	1.					hiebsnothwendig	10	8	zu hauen	10	8	zu hauen	10	8
						Durchforstung			—			—		
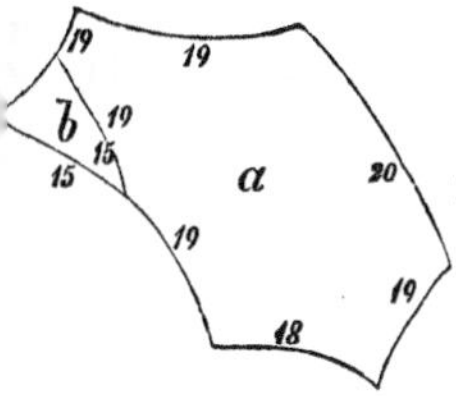	2.								—			—		
						Durchforst.			Durchforst.			Durchforst.		
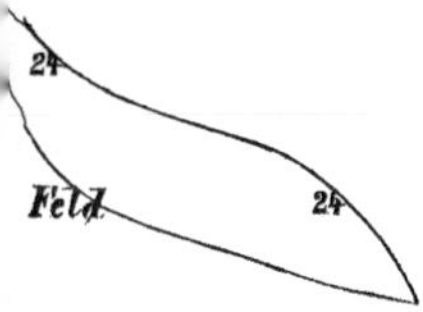	3.					—			—			—		
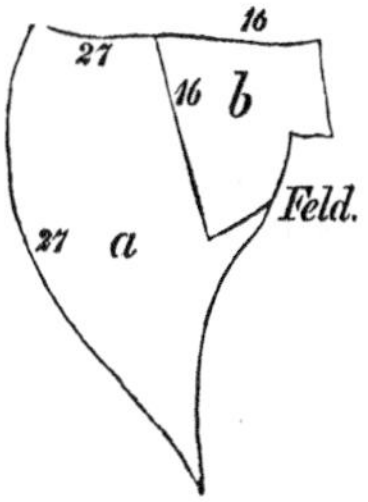	4.					hiebsreif	16	9	Ostspitze zu hauen zur Erfüllung des Flächenetats	0	2	zu hauen	0	2
						Durchforst.			—			—		
		.	.	.	.	hiebsnothw.	10	8						
						hiebsreif	16	9		11	0		11	0

Belauf										Block
										Beschreibung d
Waldort	Wirthschaftsfigur	Abtheilung	Zur Holzzucht benutzte Fläche ha	d	Der Hauptbestand wird gebildet durch Holzart	Alter von	bis	Mittel	Außerdem kommt vor Holzart	Stellung — Alter
Am Karpfenteiche	5.	a.	14	0	Eiche	120	180	160	Buche	horstweise — gleichaltr
		b.	5	3	Kiefer	40	50	50	Eiche	desgl. — "
	6.	a.	20	8	Kiefer	50	70	65	Buche	horstweise, einzeln — au unterständig — gleichaltr
									Eiche	einzeln — "
		b.	0	5	.	.	.	.	Kiefer	horstweise übergehalten
	7.	a.	12	1	Kiefer	.	.	80	.	. . . . .
		b.	4	7	Kiefer	.	.	40	.	. . . . .
	8.	a.	22	4	Kiefer	48	51	50	.	. . . . .
		b.	4	2	Kiefer	.	.	12	Kiefer	Ueberhälter
Sa. II.			84	0						

estandes						Betriebsvorschläge und Bestimmungen								
Höhen des Bestandes an den Rändern		unfertige Kulturen		zu kultivirende Räumden und Blößen		hiebsnothwendig hiebsreif Lichtungen Durchforstungen	Fläche		Vorschlag des Taxators	Fläche		Genehmigte Betriebsdisposition	Fläche	
		ha	d	ha	d		ha	d		ha	d		ha	d
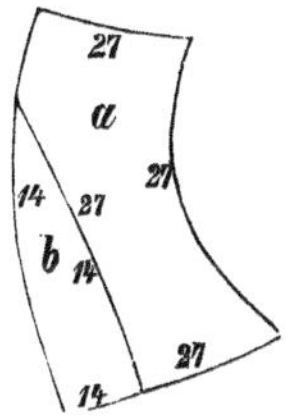	5					hiebsreif Durchforst.	14	0	— Durchforst.			— —		
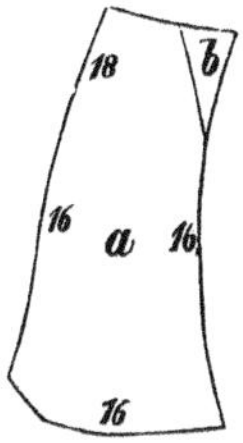	6			0	5	Durchforst. —			— —			— —		
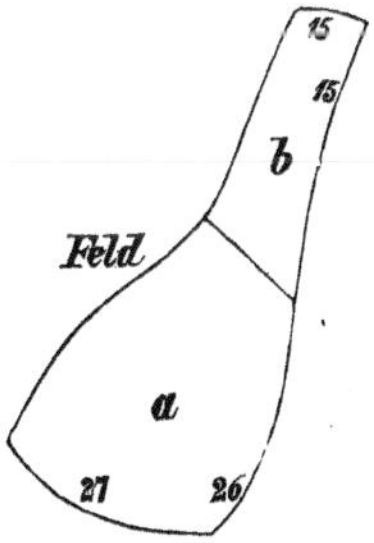	7					Durchforst. —			Durchforst. —			Durchforst —		
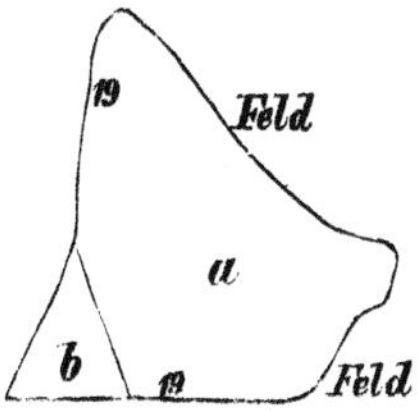	8					Durchforst. —			— —			— —		
		.	.	0	5	hiebsnothw. hiebsreif	. 14	. 0		.	.		.	.

Belauf					Block					
					Beschreibung d					
					Der Hauptbestand wird gebildet				Außerdem kommt vor	
Waldort	Wirthschaftsfigur	Abtheilung	Zur Holzzucht benutzte Fläche ha	d	durch Holzart	Alter von	bis	Mittel	Holzart	Stellung — Alter
An der neuen Straße	9.	a.	5	1	Kiefer	.	.	.	Kiefer	Ueberhälter
		b.	11	3	Kiefer	.	.	35	.	. . . .
	10.	.	15	3	Kiefer	.	.	35	Eiche	gruppenweise u. einzeln — gleichaltr
	11.	a.	3	3	Kiefer	30	40	35	Eiche	desgl. — "
		b.	5	5	Kiefer	60	70	65	Eiche	desgl. — "
	12.	a.	11	3	Kiefer	.	.	35	Eiche	desgl. — "
		b.	1	1	Kiefer	.	.	60	Eiche	desgl. — "
Feldholz	13.	a.	13	5	Kiefer	.	.	20	Eiche	horstweise — ungleichaltr
		b.	1	3	Kiefer	100	115	110	Eiche	einzeln — "
	14.	a.	8	9	Kiefer	.	.	9	Birke	einzeln — gleichaltr
		b.	10	8	Kiefer	90	103	100	Eiche	einzeln — "
Sa. III.			87	4						
Sa. II.			84	0						
Sa. I.			64	8						
			236	2						

Das durchschnittliche Alter (cfr. Anlage) ist 73, der dazu gehörige Umtrieb 146 Jahr. Aı nach Fortlassung der Hiebsnothwendigkeiten bleibt der sich berechnende Umtrieb über 100.
Er wird in Gemäßheit § 53 auf 100 Jahr festgesetzt. Hiebsfläche für die er 10 jährige Periode nach Abzug der unfertigen Kulturen und Räumden = 23,1.

estandes					Betriebsvorschläge und Bestimmungen								
Höhen des Bestandes an den Rändern	unfertige Kulturen		zu kultivirende Räumden und Blößen		hiebsnothwendig hiebsreif Lichtungen Durchforstungen	Fläche		Vorschlag des Taxators	Fläche		Genehmigte Betriebsdisposition	Fläche	
	ha	d	ha	d		ha	d		ha	d		ha	d
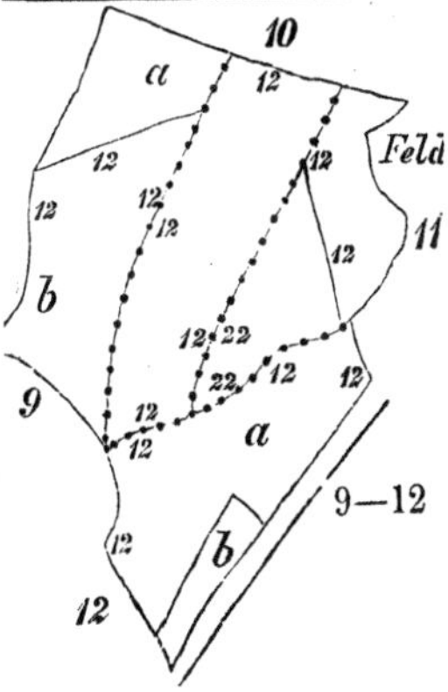	5	1	.	.	—			—			—		
					Durchforst.			Durchforst.			—		
					Durchforst.			—			Durchforst. (zu Gunsten der Eichen)		
					—			—			—		
					—			—			—		
9—12					Durchforst.			—			—		
					Durchforst.			Durchforst.			Durchforst.		
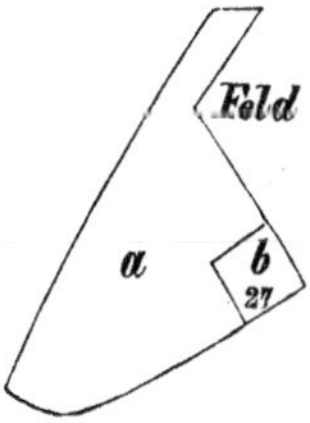					—			—			—		
13					hiebsreif	1	3	zu hauen	1	3	zu hauen	1	3
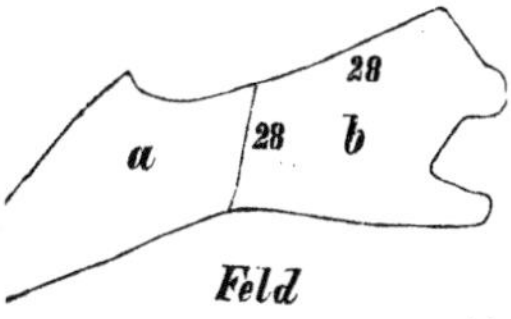					—			—			—		
14					hiebsreif	10	8	zu hauen	10	8	zu hauen	10	8
	5	1	.	.	hiebsnothw.	.	.	Sa. III.	12	1		12	1
					hiebsreif	12	1						
	.	.	0	5	hiebsnothw.	.	.	Sa. II.	.	.		.	.
					hiebsreif	14	0						
	.	.	.	0	hiebsnothw.	10	8	Sa. I.	11	0		11	0
					hiebsreif	16	9						
Sa.	5	1	0	5	hiebsnothw.	10	8		23	1		23	1
					hiebsreif	43	0						

Anlage.

Berechnung des durchschnittlichen Alters.

Wirthschafts-figur	Ab-theilung	Fläche ha	Fläche dec	Alter	Product. Fläche × Alter ha	Product. Fläche × Alter dec
1	a	10	8	180	1 944	0
	b	1	0	45	45	0
2	a	21	2	70	1 484	0
	b	1	3	50	65	0
3		9	4	90	846	0
4	a	16	9	180	3 042	0
4	b	4	2	40	168	0
5	a	14	0	160	2 240	0
	b	5	3	50	265	0
6	a	20	8	65	1 352	0
7	a	12	1	80	968	0
	b	4	7	40	188	0
8	a	22	4	50	1 120	0
	b	4	2	12	50	4
9	a	5	1	—	—	0
	b	11	3	35	395	5
10		15	3	35	535	5
11	a	3	3	35	115	5
	b	5	5	65	357	5
12	a	11	3	35	395	5
	b	1	1	60	66	0
13	a	13	5	20	270	0
	b	1	3	110	143	0
14	a	8	9	9	80	1
	b	10	8	100	1 080	0
		235	7		17 216	0

Capitel VII.

Darstellung des Waldzustandes und des Betriebsplanes durch die Karte.

§ 73.

Der Betriebsplan ist in seinen Bestimmungen durch eine Karte darzustellen.

Diese Darstellung hat nicht allein den Zweck, den Wirthschafter über die örtliche Lage der einzelnen Beläufe, Blöcke, Waldorte, Districte und Abtheilungen zu orientiren, sondern auch die Aufgabe, ihm ein möglichst vollständiges Bild über den Waldzustand zu geben und ihn über die Ziele, welche der Wirthschaft vorgesteckt sind, zu informiren. Das Ideal einer kartographischen Darstellung würde sein: eine vollständige bildliche Wiedergabe aller Bestimmungen des Betriebsplanes und des Inhalts der speciellen Beschreibung. Dieses Ideal ist deshalb nicht erreichbar, weil die Karte durch zu viele Eintragungen an Uebersichtlichkeit verliert. Wir werden daher auf Vieles aus dem Detail verzichten müssen, hoffen aber alles Wesentliche ohne Beeinträchtigung der Uebersichtlichkeit zur Darstellung bringen zu können.

§ 74.

Zuerst und vor allen Dingen ist das Wegenetz einzuzeichnen. Chaussirte Wege sind an den Rändern mit Doppellinien einzufassen; der von denselben als Planum bezeichnete Raum ist braun anzulegen. Ausgebaute Holzabfuhrwege sind mit einfachen Linien abzugrenzen, unausgebaute mit einer ohne Unterbrechung laufenden und einer gestrichelten Linie. Das Planum wird ebenfalls braun angelegt.

Alle nicht fahrbaren Wege und Gestelllinien sind, wenn sie als Trennungslinien von Wirthschaftsfiguren irgend welcher Art aufgenommen sind, mit weißer Farbe anzulegen, so daß sie sich also in völlig bezeichnender Art abheben und über die Fahrbarkeit und Nichtfahrbarkeit absolut kein Zweifel sein kann.

Die Grenzen der Blöcke bezeichnen wir mit •—•—•—•—•—•—•
" " " Waldorte " " " — — — — — — — — — —
" " " Districte " " " • • • • • • • • • • • • • •

Die Nummerirung geschieht bei den Blöcken mit stehenden römischen Zahlen, bei den Waldorten werden die Namen eingetragen. Die Districte erhalten arabische Ziffern.

Die Nummerirung läuft, wie erwähnt, so wie man schreibt (vgl. § 35), jedoch in der Weise, daß die Districte eines Waldorts auf einander folgende Nummern zeigen.

§ 75.

Die Blocknummer erhält gleich rechts neben sich die bestimmte Umtriebszeit, also z. B. I. 80, d. h. Block I. wird im 80jährigen Umtriebe bewirthschaftet.

Die Flächen der Abtheilungen werden nach den Hauptholzarten angelegt und wird auf der Karte eine Farbenerklärung dazu gegeben. Ganz zweckmäßig ist es dabei, wenn man die für die Staatsforsten einmal eingeführten Farben benutzt. Sie sind z. B. in Preußen für

Eichen	gelb,
Buchen	braun,
Birken	hellroth,
Erlen	grün,
Aspen	violett,
andere Laubhölzer . . .	blau,
Nadelholz	grau.

Die Mischung innerhalb der Abtheilungen deuten wir durch weitere Zeichen an und zwar:

durch Punkte, die einzeln stehen, die stammweise Einsprengung,
durch Punkte, die zu je zweien bei einander stehen, die truppweise Einmischung,
durch Punkte, die zu je drei zusammen stehen, die horstweise Mischung,
durch schmale Rechtecke ▭ die streifenweise,
durch Quadrate □ die flächenweise Mischung.

Je nach der Holzart tragen die Linien oder Punkte dieser Zeichen die Farben. Ein mit gelben Linien gezeichnetes Quadrat würde also heißen: flächenweise Einmischung von Eichen.

Giebt man den einzelnen der zusammengehörenden Punkte verschiedene Färbung, so bedeutet das, daß die Trupps und Horste mit den durch Farbe angedeuteten Holzarten gemischt sind. Ebenso kann man bei flächenweiser Mischung diese durch verschiedene Färbung der Grenzlinien andeuten.

Die Art und Weise, wie die Zahl der Wirthschaftsfigur resp. der Buchstabe der Abtheilung geschrieben ist, giebt uns Auskunft über die Altersverhältnisse, stehende Schrift (1a) bedeutet ungleichaltrige, nach rechts überliegende gleichaltrige Bestände (*1a*).

Die Altersklasse, in welche der Bestand gehört, wird so angegeben, daß erhält:

1— 20	Jahr	schwarze	Schrift,	
21— 40	"	"	"	mit Ausrufungszeichen,
41— 60	"	rothe	"	
61— 80	"	"	"	mit Ausrufungszeichen,
81—100	"	weiße	"	
101 und mehr	"	"	"	mit Ausrufungszeichen.

Ueberhälter werden durch einen Strich oberhalb des Buchstabens oder der Zahl angedeutet, eine Ungleichaltrigkeit der beigegebenen Mischhölzer durch einen Strich unter der Zahl.

Es würde also z. B.

$\overline{\underline{a}}$! heißen gleichaltriger 21—40jähriger Hauptbestand mit Mischhölzern von abweichendem Alter und Ueberhältern.

§ 76.

Wir haben dann noch besonderen Werth gelegt auf die Höhenwuchsverhältnisse der Bestände. Es geschah das, weil wir die Windbruchsgefahr für abhängig halten von den Längenverhältnissen des Bestandes.

Bestände unter 18 m Höhe können unter allen Umständen noch freigestellt werden, für sie liegt keine Sturmgefahr vor. Mit zunehmender Höhe nimmt aber auch die Gefahr zu und das muß auf einer Wirthschaftskarte deutlich gemacht werden.

Wir können es dadurch bewirken, daß wir die Grenzen der betr. Bestände farbig anlegen.

Stufen von 3 zu 3 m wollen wir dabei unterscheiden und bezeichnen

Höhen von 18—21 m mit grün,
„ „ 21—24 m „ roth,
„ „ 24—27 m „ weiß,
„ „ 27—30 m „ gelb,
„ „ 30,1 m und darüber mit blau.

Selbstverständlich ist es wohl, daß wenn gleiche Farbenbezeichnung Innenflächen und Rand treffen, die Abtönung eine solche sein muß, daß man die Zeichen auseinander halten kann. Hat man z. B. Eichen von 28 m Höhe, so ist der Rand mit dunklerem Ton anzulegen als die Innenfläche.

§ 77.

Es sollen sich dann noch ganz besonders aus dem Kartenbild diejenigen Bestände herausheben, welche als Betriebsbestände durch den Betriebsplan genannt sind.

Die Orte, welche in der I. Periode zur Abnutzung kommen sollen, sind entweder nur hiebsreif oder hiebsnothwendig. Im Allgemeinen werden nach unseren Grundsätzen die letzteren vorgehen und wir wollen den Unterschied deshalb auch auf dem Kartenbilde deutlich machen. Wir können die Auseinanderhaltung dadurch erreichen, daß wir die Betriebsbestände mit einer tieferen Färbung, und zwar die hiebsnothwendigen mit dem tiefsten Ton anlegen; die hiebsreifen stellen wir dann im Farbenton zwischen die hiebsnothwendigen und die übrigen Bestände.

Wir würden also z. B. bezeichnen

Eichen (nicht im Betriebe) mit schwefelgelb,
„ hiebsreif dunkelgelb
„ hiebsnothwendig orangegelb } I. Periode,

Nadelholz (nicht im Betriebe) hellgrau,
„ hiebsreif mittelgrau
„ hiebsnothwendig dunkelgrau } I. Periode.

Bestände, die planmäßig Vorerträge zu liefern haben, also zu durchforsten oder zu lichten sind, erhalten ein liegendes Kreuz.

Endlich muß die Karte noch die Flächengrößen der Betriebs-Bestände nennen. Es geschieht das an passender Stelle am Rande, die Blöcke sind dabei getrennt zu halten.

Ebendaselbst ist endlich noch das Anfangs- und Endjahr der Periode anzugeben, sowie die etwa vorhandene Eintheilung nach Schutzbezirken. Da ein solcher stets ganze Blöcke umfaßt, so bedarf es hierbei nur der Angabe von Blocknummern.

In dieser Weise wird die Karte für den Wirthschafter ausgearbeitet. Damit er sie auch wirklich bei Wind und Wetter draußen benutzen kann, wird sie auf Leinwand gezogen und zum Zusammenfalten eingerichtet und sowohl auf der Vorderseite wie Rückseite mit Copallack überzogen. Sollte sich der Ueberzug mit der Zeit abnutzen, so wird er wieder erneuert.

§ 78.

Wenn die Karte nun dauernd ihren Zweck als Wirthschaftskarte erfüllen soll, so müssen die Veränderungen durch die Wirthschaft von Jahr zu Jahr aufgenommen werden.

Es geschieht das, indem man bei den Hauptnutzungsschlägen die abgetriebenen Flächen mit rother Dinte schraffirt und die Schlaggröße hineinschreibt, bei Durchforstungen dadurch, daß man neben das einfache liegende Kreuz ein zweites rothes hinzusetzt.

Damit ist ausgesprochen, daß die Durchforstung, die im Plane genannt war, ausgeführt ist.

Sind Durchforstungen zur Ausführung gelangt, die überhaupt nicht im Plane lagen, so ist gleich ein rothes Doppelkreuz einzutragen. Falls eine Durchforstung nur einen Theil eines Bestandes traf, so ist durch eine rothe Abgrenzungslinie und das Doppelkreuz der durchforstete Theil zu bezeichnen.

§ 79.

Durch eine solche Darstellung, die ja für besondere Fälle noch beliebig ergänzt werden kann, wird es Jedem leicht möglich sein, sich über den Stand der Wirthschaft zu informiren. Zugleich wollen wir aber hervorheben, daß die dadurch dem Wirthschafter zugemuthete Mühewaltung eine außerordentlich geringe ist. Es kommt nämlich durchaus nicht darauf an, die genaue Schlagform in die Karte einzuzeichnen, resp. die Flächengröße in richtigem Maßstabe einzutragen, sondern es ist vielmehr nur nothwendig, darauf zu markiren, daß in einer Wirthschaftsfigur überhaupt schon gehauen ist und ungefähr wie viel.

Es läßt sich also die Berichtigung der Karte mit wenigen Federzügen bewirken.

Wenn in der beschriebenen Weise die Karte gezeichnet und fortgeführt wird, so wird das gestellte Programm auch hinreichend umfassend durchgeführt sein.

III. Theil.

Die Feststellung der jährlichen Geldrente.

Capitel I.

Allgemeine Grundsätze.

§ 80.

Jede Wirthschaft kann erst am Ende des Geschäftsjahres an die Berechnung des wirklich erfolgten Reinertrages denken und bei der Forstwirthschaft ist das um so mehr der Fall, als die Einnahmen sich sehr ungleich auf die einzelnen Quartale vertheilen. In den meisten Gegenden ist die beste Zeit der Geldeinnahme die des Winters. Der Forstmann erntet in der Regel, wenn die Arbeiten auf dem Felde wegen des Schnees und Frostes ruhen und die Fuhrleute Lückenbüßerarbeiten, wie es die Holzabfuhr vielfach ist, annehmen, um die Gespanne nicht unthätig zu lassen.

Weitere Gründe für den Winterhieb liegen darin, daß die Waldwege bei Frost und Schnee am besten sind und die Abfuhr sich daher leicht gestaltet. Auch treten die Holzhöfe meist mit den geringsten Beständen in den Winter ein, in diesem wird dann der für die nächste Bau-Campagne nöthige Bedarf gekauft und der Transport vorbereitet, indem man das Holz an die Ablagen schafft.

Mit Beginn des Frühjahrs fängt vielfach die Lebhaftigkeit des Begehrs an nachzulassen und erreicht mit dem Hochsommer den niedrigsten Stand.

Wo bei flottem Verkaufe der Einschlag schon mit dem Eintritt des Sommers vergeben ist, da ist natürlich in den Einnahmen für die Sommermonate Ebbe. Es muß erst der neue Hieb wieder beginnen, ehe frische Einnahmen zufließen können.

Die Ausgaben gestalten sich zum Theil, wie z. B. die Gehälter, als regelmäßige, andere, wie z. B. Hauerlohn und Kulturgeld, als unregelmäßige. Dabei kann es dann recht gut einmal vorkommen, daß die Reineinnahmen eines Quartals auf ein Minimum oder negative Größen herabsinken.

Als eine einfache Folge dieser Verhältnisse muß es angesehen werden, daß ein Ueberblick über den wirklichen Reinertrag erst am Ende des Geschäftsjahres möglich ist.

§ 81.

Aus der Nothwendigkeit, erst die Wirthschaftsresultate abzuwarten, folgt aber auch zugleich, daß die Rente eine postnumerando fällige ist. Es gilt das nicht allein für den jährlichen Betrieb, sondern auch für den aussetzenden. Es muß also bei diesem der Schluß des Intervalles abgewartet werden, ehe man an eine Rentenzahlung denken kann.

Nun soll auch derjenige Wald, welcher nicht jährlich, sondern aussetzend bewirthschaftet wird, eine jährliche Geldrente abwerfen. Die Einnahme des Intervalls muß demnach in eine jährliche Rente umgewandelt werden und diese kann zum ersten Male ausgezahlt werden für das letzte Jahr des ersten Intervalles. Der Rest wird für die Jahre des zweiten Intervalles vertheilt, so zwar, daß das letzte desselben seine Rente schon aus den Wirthschaftsresultaten des zweiten Intervalles erhält. Wirthschaften wir z. B. in 5jährigen Intervallen, so ist die erste Jahres-Rente fällig am Schlusse des fünften Jahres, die Reinerträge des Intervalls geben dann auch die Renten am Schlusse des 6., 7., 8., 9. Jahres, während wir sie am Schlusse des zehnten aus den Erträgen des zweiten Jahrfünfts haben.

Bei Umwandlung der Intervallerträge in jährliche Renten kann man darüber zweifelhaft sein, ob dabei einfach mit der Zahl der Jahre in den Ertrag dividirt werden soll, oder ob die Rente mit Zinseszinsen in eine jährliche zu verwandeln ist. Letzteres kann sehr gut in Betracht kommen, da jede Rentenanstalt sich auf ein solches Geschäft einläßt und gern die Umwandlung besorgt.

Dagegen läßt sich einwenden, daß bei der Kürze der Renten der Unterschied zwischen einfachen und Zinseszinsen sehr gering ist, und daß die Banquiersunkosten, weil sie sich häufig wiederholen, diese Differenz noch geringer machen. Auch ist zu beachten, daß die einfache Theilung durch die Jahreszahl des Intervalles durchsichtiger ist. Die aus den vorhandenen Fonds erwachsenden Zinsen kommen uns zudem später zu Gute. Sie fließen vorläufig in den Reservefonds und werden aus demselben gehoben durch entsprechende Steigerung der Renten in späteren Jahren.

Ich möchte mich daher für die einfache Theilung des Reinertrags durch die Zahl der Jahre, von welchen er aufgebracht ist, erklären.

§ 82.

Eine kurze Besprechung verdient sodann der Zeitpunkt des Jahres, auf den man den Anfang und Abschluß des Wirthschaftsjahres zu legen hat. Der Anfang des Kalenderjahres ist deshalb meistentheils nicht gut dazu verwendbar, weil zu diesem Zeitpunkt der Betrieb in voller Thätigkeit ist. Die Schläge sind angehauen und die Unzuträglichkeiten liegen auf der Hand, die daraus erwachsen würden, wenn man etwa einen Theil des Materials dem einen, den Rest aber dem anderen Jahre zuweisen wollte, oder schon vorher auf Rechnung des neuen Jahres oder endlich nachträglich noch auf Rechnung des alten Jahres den Betrieb führt.

Als Ausweg läßt sich der Grundsatz aussprechen, daß man als erstes Quartal dasjenige annimmt, in welchem der Regel und dem Herkommen nach der Holzhieb beginnt.

Das ist in den meisten Gegenden und namentlich in der Ebene das letzte Quartal des Kalenderjahres, im Gebirge, wo wir nicht selten des hohen Schnees halber den Sommerhieb haben, das zweite Quartal.

Wir setzen den Anfang des Hiebes als Anfang des Wirthschaftsjahres, weil dann für Beendigung des Einschlages und die Verwerthung ein möglichst großer Theil des Jahres übrig bleibt. In den meisten Fällen wird es möglich sein, damit bis zum Beginn des neuen Jahres zum Abschluß zu kommen und wenn es nicht der Fall ist, so wird es sich nur noch um geringe Reste handeln.

§ 83.

Wegen dieser darf der Abschluß nicht verzögert werden. Um das möglich zu machen, übernimmt das neue Jahr dieselben und zwar in der Weise, daß man sie zu einem sehr geringen und jedenfalls bei dem Verkaufe herauskommenden Inventurpreise an das neue Jahr resp. Intervall verkauft.

Das Geld dazu giebt der Reservefonds. Ein etwaiger Mehrerlös kommt dem neuen Jahre, resp. der Rechnungsperiode zu Gute.

Ein solches Arrangement bietet den Vortheil, daß die Rechnung vollständig klar wird, wie das jedes kaufmännische Geschäft verlangt, und daß wirklich unter allen Umständen zu einem bestimmten und vorgesehenen Zeitpunkte mit dem ganzen Rechnungswesen abgeschlossen und neu begonnen werden kann. Ein weiterer Vortheil liegt darin, daß man der Verschleuderung der Hölzer vorbeugt; wie häufig wird, um den rechnungsmäßig sehr unangenehmen Resten zu entgehen, à tout prix reiner Tisch gemacht.

Hier geschieht das ja auch, aber so, daß die nächste Zeit davon Vortheil hat.

In der preußischen Staatsforstverwaltung ist, den Hiebsverhältnissen folgend, der Anfang des Wirthschaftsjahres auf den 1. October verlegt. Das Jahr der Geldwirthschaft läuft von da mit zwei Vorquartalen bis zum Anfang des Etatsjahres am 1. April und endigt am 31. März des folgenden Jahres. Holz, was also im October 1881 eingeschlagen ist und im März 1883 verkauft wird, gehört dem Jahre 1882/83.

Eine solche Einrichtung folgt nur offenem Zwange und hat viele Mißstände. Im Winter sind z. B. zwei Jahre rechnungsmäßig getrennt zu halten. Welche Fülle von kleinen und großen Uebeln kann daraus entstehen. Keinenfalls ist die Einrichtung für andere Verhältnisse nachahmenswerth.

Capitel II.

Feststellung des Reinertrags.

§ 84.

Den Reinertrag erhält man dadurch, daß man die Einnahmesumme um den Betrag der Ausgabe vermindert.

Die Feststellung des Reinertrags muß durch die Buchführung vorbereitet sein. Wir nehmen zu diesem Zwecke ein Einnahme- und Ausgabejournal an, was in zwei getrennten Heften, nämlich einem für die Einnahme und dem anderen für die Ausgabe, zu führen ist.

Einnahme und Ausgabe müssen bis zu einem gewissen Grade specialisirt werden und ist daher eine Trennung der Posten nothwendig.

Durch das nachstehend gegebene Formular wird folgende Sonderung verlangt:

1. Bei der Ausgabe:
   A. Persönliche:
      a) Gehälter der Beamten,
      b) Dienstaufwand,
      c) sonstige.
   B. Materielle:
      a) Werbungskosten für Holz,
      b) desgl. für Nebennutzungen,
      c) Kulturkosten,
      d) Wegebaukosten,
      e) Kosten für Gebäudeunterhaltung,
      f) Sonstige Ausgaben.
2. Bei der Einnahme:
   A. Aus dem Holze:
      a) durch Verkauf,
      b) durch Zahlung aus dem Reservefonds.
   B. Aus den Nebennutzungen.
   C. Aus Zinsen des Reservefonds.
   D. Sonstige Einnahmen.

Eine solche Trennung — die ja in besonderen Fällen noch weiter ausgedehnt werden kann — reicht im Allgemeinen hin, um die Wirthschaftsverhältnisse klar zu legen und erforderlichen Falls einen Fingerzeig zu geben, wo die bessernde Hand bei unrentabler Wirthschaft anzulegen ist. Auf der anderen Seite geht sie aber auch nicht so weit, daß die Uebersichtlichkeit gestört wird oder Zweifel darüber entstehen können, wohin eine Ausgabe oder Einnahme gehört.

Die außer den vorgenannten in dem Formular noch vorhandenen Colonnen erklären sich wohl zur Genüge aus dem Beispiel, dagegen möchten wir eine besondere Erläuterung dem Posten der Einnahme aus dem Holze durch Uebernahme seitens des Reservefonds hinzufügen.

Ausgaben			
Journal-Nr.	Datum		Bezeichnung
	Monat	Tag	
1.	April	19.	Abschlagszahlung an den Kulturvorarbeiter Arndt.
			Rechnung für Neudielung — Tischler Bleeck.

Ausgaben																						
persönliche						materielle														Haupt-Conto		
Gehälter		Dienst-aufwand		Sonstige		Holz-Werbungs-kosten		Werbungs-kosten für Neben-nutzungen		Kultur-kosten		Wege-bau-kosten		Unter-haltung der Gebäude		Sonstige				
.	.	.	.	.	.	.	.	.	.	83	90	.	.	.	.	.	.	83	90	1
.	.	.	.	.	.	.	.	.	.	.	.	.	.	45	00	.	.	45	00	2

Einnahmen			
Journal-Nr.	Datum		Nähere Bezeichnung.
	Monat	Tag	
1	Januar	4.	Licitation
302	September	30.	Werth des nicht verkauften Materiales.

Einnahmen

Aus dem Holze				mit Neben-nutzungen		Zinsen des Ref.-F.		Sonstige Einnahmen		Haupt-Conto		Belag
durch Verkauf		durch Uebernahme Seitens des Ref.-Fonds										
ℳ	₰	ℳ	₰							ℳ	₰	
60	.	.	.	.	.	.	.	.	.	1060	.	Prot. v. 4. I.
	.	132	.	.	.	.	.	.	.	132	.	Nachweisung und Berechnung.

§ 85.

Am Schlusse des Wirthschaftsjahres bei dem jährlichen Betriebe und am Schlusse des Intervalles bei dem aussetzenden Betriebe wird zunächst der Rest an unverkauften Materialbeständen aufgenommen und darüber eine Nachweisung aufgestellt.

Das darin genannte Material übernimmt, wie schon erwähnt, der Reservefonds und zahlt dafür den festgesetzten Betrag zu den Einnahmen des Jahres oder Intervalles.*) Die Preise pro Einheit der verschiedenen Sortimente sind gutachtlich so festzusetzen, daß, nach den bisherigen Verkaufsresultaten zu urtheilen, der Verkauf z. B. einen Mehrerlös bringt.

Besonderer Berechnungen für die Ausbringung solcher Preise bedarf es im Allgemeinen wohl nicht. Will man einen Anhalt haben, so mag man ihn in den erzielten Licitationsdurchschnittspreisen suchen, indem man diese mit 50 oder einem anderen für richtig zu erachtenden Procentsatze reducirt.

Auf Grund der angegebenen Massen und der geltenden Preissätze per Einheit berechnet man dann, wie in dem Beispiele am Schlusse dieses Capitels Seite 154 gezeigt wird, den Preis des ganzen Restes.

Dieser wird in das Einnahmejournal als vom Reservefonds zu erstatten eingetragen und demgemäß diesem entnommen.**)

---

*) Ein analoges Verfahren würde übrigens auch für die Staatsforstverwaltung wesentliche Vortheile bringen. Auch hier ist zunächst der Materialbestand am Schlusse des Wirthschaftsjahres festzustellen und der Einheitssatz für jedes Sortiment unter Anhalt an die bekannten Durchschnittspreise, jedoch unter Ermäßigung derselben, zu bestimmen, woraus dann der Werth sich berechnet. Da nun der Reservefonds der Staatsforstverwaltung fehlt, so kann dafür einfach verfügt werden, daß die ersten Einnahmen des neuen Wirthschaftsjahres so lange den Einnahmen des alten zufließen, bis der Werth des Materialrestes aus dem vorigen Jahre gedeckt ist. Es ist wohl kaum zweifelhaft, daß dann höchstens bis in die Weihnachtszeit hinein Verrechnungen auf das alte Wirthschaftsjahr stattfinden werden. Durchsichtiger wird die ganze Sachlage aber unbedingt, denn die Materialausgabe geht im neuen Wirthschaftsjahre stets aus den Beständen dieses, die Geldeinnahme aber fließt voll dem alten Jahre so lange zu, bis der Werth der übernommenen Vorräthe gedeckt ist.

**) Bei Beginn der Wirthschaft, wo noch kein Geld im Reservefonds ist, wird er mit einem entsprechend geringeren Baarbetrage ausgestattet und ihm das Material für baar angerechnet.

Sollte er z. B. rechnungsmäßig 1000 *M* erhalten und sind für 500 *M* Materialbestände zu übernehmen, so erhält er nur 500 *M* baar.

§ 86.

Mit der Buchung der aus dem Materialreste hervorgehenden Einnahme wird das Einnahme- und Ausgabejournal in den einzelnen Colonnen und in der Hauptcolonne abgeschlossen. Die Differenz in den Beträgen der letzteren ergiebt den Reinertrag.

Wir stellen sodann die Bilance auf. In dieser finden sich die Summen des Journals zusammen.

Das Gleichgewicht zwischen Einnahme und Ausgabe wird dadurch herbeigeführt, daß wir der Ausgabe den Reinertrag hinzusetzen.

Die Form ist folgende:

Wirthschaftsbilance für das Hiebsintervall 1879—1882.

Einnahmen.	ℳ	₰	Ausgaben.	ℳ	₰
1. Aus dem Holze:			A. persönliche:		
a. durch Verkauf	8936	—	1. Gehälter für die Beamten	1000	—
b. durch Uebernahme Seitens des Reservefonds	132	—	2. Dienstaufwand	—	—
			3. Sonstige	—	—
2. Aus den Nebennutzungen .	50	35	B. materielle:		
3. Aus Zinsen des Reservefonds	—	—	1. Für Werbung von Holz .	868	—
4. Sonstige	—	—	2. Für Werbung von Nebennutzungen	8	—
			3. Für Forstkulturen	120	—
			4. Für Wegebauten	83	—
			5. Für Instandhaltung der Gebäude	—	—
			6. Für sonstige Ausgaben .	18	—
			C. Reinertrag	7021	35
Summa	9118	35	Summa	9118	35

Block	Wirthschaftsfigur	Abtheilung	Eichen Nutzholz fm	Eichen Nutzholz d	Eichen Kloben	Eichen Knüp.	Eichen Reis	Eichen Stöcke	Buchen Nutzholz		Buchen Kloben	Buchen Knüp.	Buchen Reis	Buchen Stö
			fm	d	Raummeter									
I.	1	.			2	2	4	2						
	5	a											12	8
	8		.	.	.	.	.	.	.	.	.	.	.	.
	12	a	0	8	.	.	.	.	.	.	10	6	.	.
	13													
	15													
	18	b	.	.	.	.	.	.	1	3	.	.	.	2
						u.	s.	w.						
Summa			2	1	5	6	18	8	1	3	20	32	20	18
Preis pro Einheit ℳ			6		3	2	0,2	1	6		3	2	0,2	1
Preis des Sortiments ...			12	6	15	12	3,6	8	7	8	60	64	4	18
						51,2						153,8		
Sa. im Ganzen														

Anderes Laubholz						Nadelholz					
Nutzholz		Kloben	Knüppel	Reis	Stöcke	Nutzholz		Kloben	Knüppel	Reis	Stöcke
.	.	.	.	.	.	1	8	2	2	8	3
.	.	.	.	.	.	.	.	.	.	.	.
		3	3	6							
						.	.	3	3	6	2
0	6	.	.	.	4	.	.	.	.	.	.
2	0	10	15	30	16	4	0	40	50	100	30
4		2	1,5	0,1	0,5	5		3	2	0,1	0,5
8		20	22,5	3	8	20		120	100	10	15
			61,5						265		
81,5											

Capitel III.

Die Rentenberechnung.

§ 87.

Der so berechnete Reinertrag schwankt in seiner Höhe. Nach dem uns leitenden Programme soll das möglichst vermieden werden. Um es zu bewirken, bedürfen wir des schon mehrfach erwähnten Reservefonds. Er hat den Zweck, den möglichst gleichmäßigen Bezug der Rente zu sichern und nimmt deshalb zur geeigneten Zeit einen Theil der Einnahmen auf, kürzt sie, und giebt ein anderes Mal einen Zuschuß, um sie zu erhöhen.

Wir haben bereits früher besprochen, daß der Reinertrag sich aus zweierlei Einnahmen zusammensetzt, erstens solchen, die aus den nachhaltigen Bezügen der Wirthschaft stammen, und zweitens solchen, die hervorgegangen sind aus Wirthschaftsvorgriffen. Nur auf die ersten hat der Nutznießer ein sofort fälliges Anrecht, die übrigen werden erst liquide, wenn durch Einsparungen der Vorgriff gedeckt ist.

Die Art der Rentenberechnung muß uns davor sicher stellen, solche außergewöhnlichen Einnahmen als nachhaltig zu beziehende anzusehen.

Andererseits kann aber auch der Fall eintreten, daß der Reinertrag durch eine Einsparung gegen die planmäßige nachhaltige Nutzung gedrückt ist. Dann muß uns der Reservefonds gegen den Ausfall schützen.

Der Nachweis, daß ein Vorgriff oder eine Einsparung vorliegt, ist in der einfachsten Weise durch die stattgefundene Flächenabnutzung zu erbringen und diese muß deshalb auch zur Berechnung der Rente herangezogen werden.

Der Reservefonds muß aber auch die aus schlechten Conjuncturen oder durch geringwerthiges Material stammenden Rentenschwankungen nach Möglichkeit ausgleichen.

Um ihn in die Lage zu setzen, daß er auch da nach allen Richtungen genügt, müssen wir ihn mit bestimmten Einnahmen ausrüsten. Diese fließen so lange, bis er eine hinreichende Höhe erreicht hat, um für mindestens 10 Jahre die Gleichmäßigkeit der Rente zu sichern.

Ueber die Frage, wie hoch unter solchen Bedingungen der Fonds normal im Verhältniß zur Rente sein muß, ob etwa doppelt oder dreimal so hoch wie diese, läßt sich jetzt um so mehr streiten, als das System noch nicht in die Praxis übersetzt ist. Ich glaube, wir können aber auch von der Aufstellung genereller Regeln absehen und an Stelle derselben eine Beurtheilung von Fall zu Fall eintreten lassen.

Der Reservefonds führt nach dem Gesagten zwei Posten und diese müßten eigentlich wegen der Verschiedenheit ihrer Natur getrennt gehalten werden. Indessen wird das in der Praxis nicht nothwendig sein, da ja aus dem Stande der Flächenabnutzung jeden Augenblick ein Urtheil darüber gewonnen werden kann, wie hoch der Fonds aus den Einsparungen angesammelt ist. Die später zu besprechende Abtheilung I. des Controlbuches giebt nämlich blockweise den Stand der Flächennutzung in Ist und Soll und die Bilance beider.

Entnehmen wir z. B. daraus, daß

in Block I. ein Vorgriff von 1,3 ha,

in Block II. eine Einsparung von 0,3 ha vorliegt, so wissen wir, daß im Ganzen ein Flächenvorgriff von 1 ha stattgefunden hat. Der Reservefonds hat also soviel, wie 1 ha im Durchschnitt Reinertrag bringt, in Aufbewahrung.

Liegt die Sache aber so, daß

in Block I. Einsparung von 1,3 ha,

in Block II. die richtige Flächennutzung gefunden ist, so hat der Reservefonds den Ausfall im Flächenhieb decken müssen und es ist seinem Baarbetrage noch der Werth des Materialbestandes von 1,3 ha gut zu schreiben.

Befindet sich endlich die Flächenabnutzung genau in dem vorgeschriebenen Rahmen, so müssen die im Reservefonds enthaltenen Gelder als diesem gehörig anerkannt werden, er hat aber dann auch keine Forderungen auf Erträge späterer Zeit.

§ 88.

Die Bildung des Reservefonds kann auf verschiedene Weise bewirkt werden. Will man ihn mit einem Male nicht durch wiederholte Abzüge vom Reinertrage herstellen, so kann das dadurch geschehen, daß entweder der Eigenthümer auf eine Jahreseinnahme verzichtet, oder ein besonderer Hieb geführt wird. Das erstere wird selten möglich sein und kann Niemandem aufgezwungen werden, das zweite wollen wir nicht annehmen, da es aus dem Rahmen strengster Nachhaltigkeit heraustritt.

Eine dritte Möglichkeit, den Fonds rasch herzustellen, liegt noch vor, indem man die Umtriebszeit um ein Jahr erhöht und zu Anfang der Wirthschaft den Flächenantheil haut, welcher auf das eine Jahr fällt, den Erlös aus dem Abtrieb aber dem Reservefonds zuweist. Es ist dann durch die Rechnung dafür gesorgt, daß der Flächenvergriff allmählich wieder eingespart wird. Auch ein solches Verfahren möchte nicht zu empfehlen sein, denn da die Dispositionen bei jeder Taxations-Revision geändert werden können und wirklich auch geändert werden, so wird die Maßregel in der Praxis einfach auf einen Extrahieb hinauslaufen.

Für das Richtigste müssen wir es deshalb ansehen, daß der Fonds durch alljährlich eintretende Abzüge vom Reinertrage angesammelt wird. Freilich kann dann, wie schon erwähnt, nicht von Anfang an die Gleichmäßigkeit im Rentenbezuge verlangt werden, es muß vielmehr der Wirthschaft Zeit gelassen werden, ehe sie diese Aufgabe ganz erfüllen kann.

Wir haben aus diesem Grunde bezüglich des Reservefonds mehrere Phasen zu unterscheiden: In der ersten geschieht die Bildung durch Abzüge vom Reinertrage, der Fonds übernimmt aber noch nicht die Verpflichtung, die pro Einheit der normalmäßig zu nutzenden Fläche fällige Rente in mindestens gleicher Höhe zu erhalten.

In der zweiten wird diese Verpflichtung übernommen und der Abzug zu Gunsten des Fonds, wenn möglich, ermäßigt.

In der dritten endlich fällt der Abzug fort.

Jeder der beiden ersten Phasen geben wir die Dauer einer Periode. Die Bestimmungen für die erste werden bei der Einrichtung, die für die nächsten können dann bei Gelegenheit der Taxations-Revisionen getroffen werden. Als selbstverständlich ist es wohl anzusehen, daß in solchen Fällen, wo der Reservefonds sehr gekräftigt bereits aus der ersten Periode hervorgeht, der Abzug schon in der zweiten fortfallen, ebenso wie im späteren Verlauf der Wirthschaft ausnahmsweise zu Gunsten des Reservefonds einmal wieder besondere Maßregeln getroffen werden können.

Beim Beginne der Wirthschaft beträgt der Abzug in der Regel 10 % und zwar wird um so viel der Betrag gekürzt, welcher durchschnittlich pro Hektar als Reinertrag sich ergiebt.

Ob der Abzug höher oder niedriger gestellt werden muß oder kann, ist der Entscheidung im Einzelfalle zu überlassen. Jedenfalls ist eine Abweichung nur dann nöthig, wenn das auf den Markt zu bringende Material in seiner Güte und Menge sehr wechselt. Liegt das vor, so gilt im Allgemeinen als Regel (cfr. § 92), daß hohe Erträge an den Anfang gestellt auch höhere Abzüge, niedrige aber geringe erheischen.

Durch Beispiele werden wir das hernach belegen.

§ 89.

Steht der Abzug zu Gunsten des Reservefonds fest, so leitet sich die Rente für das erste Wirthschaftsjahr nunmehr in folgender Weise her:

Als Unterlage dient der in die Bilance eingestellte Reinertrag (§ 86) und die zur Abnutzung gekommene Fläche, wie sie in Abtheilung I. des Controlbuchs nachgewiesen ist (§ 99).

Dividiren wir den Reinertrag durch diese, so erhalten wir die auf die Flächeneinheit fallende Quote.

Diese kürzen wir zu Gunsten des Reservefonds um den festgesetzten Procentsatz. Multipliciren wir dann den Rest mit dem normalen Flächenhiebssatz, so erhalten wir die Rente und zwar bei dem jährlichen Betriebe die für ein Jahr, bei dem aussetzenden die für ein Intervall. Nach dem angenommenen Grundsatze wird diese durch Division mit der entsprechenden Zahl auf die Jährlichkeit gebracht.

Haben wir also z. B. einen Reinertrag von 5000 *M* und eine Flächennutzung von 4 ha gehabt, so fallen auf das Hektar 1250 *M* und nach Abzug von 10 % 1125 *M*. Beträgt nun die normale Hiebsfläche 3,5 ha, so ist die Rente 3937 *M*.

Ist der Betrieb nicht jährlich, sondern dreijährig aussetzend, so beträgt die Jahresrente 1312 *M*.

Der Reservefonds erhält im Ganzen

$$\begin{array}{r} 5000\ \mathcal{M} \\ -\ 3937\ \mathcal{M} \\ \hline 1063\ \mathcal{M}, \end{array}$$

nämlich in Folge des procentalen Abzuges 438 M und 625,0 M für den Flächenvorgriff von 0,5 ha.

§ 90.

Im Fortschreiten der Wirthschaft stellt sich die Rechnung dadurch anders, daß der durchschnittliche Reinertrag pro Hektar nicht aus Ertrag und Flächennutzung des jeweiligen Jahres allein berechnet wird, sondern auch die Wirthschaftsresultate der früheren Zeiten mit hineingezogen werden.

Im zweiten Jahre resp. Intervall treten als Reinertrag die Summen der in erster und zweiter Bilance genannten Größen, als Fläche die gesammte Flächenabnutzung in die Rechnung ein und danach wird die Rente festgesetzt.

Führen wir das Beispiel vom vorigen Paragraphen fort und haben wir als Wirthschaftsresultat 3000 M für 3 ha zu verzeichnen, so ist

Gesammtnutzung = 7 ha
Gesammtreinertrag = 8000 M

mithin Ertrag pro Hektar . . . . = 1143 M
ab 10 % für Reservefonds . . . . = 114 „
bleibt 1029 M.

Die normale Nutzung ist = 3,5 ha, mithin die Rente = 3581 M.

Es würde also aus dem Reservefonds in diesem Jahre ein Betrag von 3581 — 3000 = 581 M zu entnehmen sein. Er behält dann im Ganzen 1063 — 581 = 482 M.

Mehr kann der Fonds augenblicklich noch nicht zur Ausgleichung thun. Das Erreichte ist immerhin beachtenswerth. Denn trotz der Schwankungen im Reinertrage von 5000 zu 3000 geht die Rente nur von 3937 auf 3581 M herab.

Im dritten Jahre ist die Rechnung bei 3,5 ha und 4000 *M* folgende:

Gesammtreinertrag = 12 000 *M*
Gesammtflächennutzung = 10,5 ha

mithin pro Hektar . . . . = 1143 *M*
ab 10 % für den Reservefonds . . = 114 „
bleibt Reinertrag 1029 *M*.

Die normale Nutzung ist 3,5 ha, mithin die Rente = 3601 *M*.

Der Reservefonds erhält 399 *M* und wächst damit auf 881 *M* an.

Ist der Ertrag im vierten Jahre folgender: 2700 *M* auf 3,5 ha, so rechnen wir

Gesammtreinertrag = 14 700 *M*
Gesammtnutzung = 14 ha

mithin pro Hectar . . . . = 1050 *M*
ab 10 % für den Reservefonds . . = 105 „
bleibt 945 *M*.

Die normale Nutzung ist 3,5 ha, mithin die Rente = 3208 *M*.

Der Reservefonds leistet dazu einen Zuschuß von 508 *M* und behält 373 *M*.

Im fünften Jahre sind 3300 *M* von 3,5 ha gewonnen. Es ist also

Gesammtreinertrag = 18 000 *M*
Gesammtnutzung = 17,5 ha

mithin pro Hektar . . . . 1029 *M*
ab 10 % für den Reservefonds . . . 103 „
bleibt Reinertrag 926 *M*

und für die normale Fläche von 3,5 ha eine Rente von 3241 *M*.

Der Reservefonds erhält 59 *M*, kommt also auf 432 *M*.

Haben wir im 6. Jahre 3,5 ha mit 4375 *M*, so zieht der Reservefonds davon einen recht bedeutenden Theil, denn die Rechnung ist folgende:

Gesammtreinertrag = 22 375 *M*
Gesammtnutzung = 21 ha

mithin pro Hektar	. . . .	1065 M
ab 10 % für den Reservefonds	. . .	106 „
	bleibt Reinertrag	959 M

und für die normale Fläche von 3,5 ha eine Rente von 3356 M.

Der Reservefonds erhält 1019 M und wächst damit auf 1451 M.

Reinerträge und Renten stellen sich in diesen 6 Jahren also folgendermaßen:

1. Jahr	Reinertrag	= 5000 M,	Rente	= 3937 M
2. „	„	= 3000 „	„	= 3581 „
3. „	„	= 4000 „	„	= 3601 „
4. „	„	= 2700 „	„	= 3208 „
5. „	„	= 3300 „	„	= 3241 „
6. „	„	= 4375 „	„	= 3356 „

Man sieht, daß selbst in diesem für den Wirthschaftsbeginn wenig günstigen Fall, nicht viel noch dazu gehört, um die Gleichheit der Renten herzustellen.

Der Reservefonds hat seinerseits bereits viel geleistet, allerdings auch erst durch das Wirthschaftsresultat des letzten Jahres einen erheblichen Zuschuß erhalten.

Je weiter die Wirthschaft fortschreitet, um so mehr Abschlüsse stehen uns zur Verfügung. Dadurch bekommt die Rechnung eine immer festere Unterlage, die von den Schwankungen der einzelnen Abschlüsse gegen einander nur wenig noch beeinflußt wird.

Um nun nicht zu weit in der Beachtung vergangener Zeiten zu gehen, müssen wir nothwendiger Weise eine Grenze ziehen, wir nehmen deshalb an, daß bei 10jährigen Perioden die Abschlüsse der letzten 10 Jahre und bei 12jährigen die der letzten 12 Jahre in die Rechnung eintreten.

Nach Ablauf der ersten Periode wird also für jeden neu hinzugefügten Abschluß der älteste fortgelassen; tritt z. B. bei 10jährigen Perioden 1883 hinzu, so kommt 1873 in Fortfall.

§ 91.

Die Rechnung nach dem durchschnittlichen Reinertrage der Nutzungsfläche übt an und für sich einen ebenenden Einfluß auf die Höhe der Rente aus.

Dabei ist aber Eins zu beachten: Der Werth des Geldes fällt. Mögen auch einzelne Jahre und selbst mehrere auf einander folgende die Erscheinung verdunkeln, immer wieder tritt sie zu Tage, sobald wir größere Perioden zusammengreifen.

Behält Holz denselben Werth und übt nichts einen hemmenden und verdunkelnden Einfluß, so muß der Preis des Holzes in demselben Maße steigen, wie der Geldwerth sinkt. Der Regel nach muß deshalb diejenige Rente, welche, von dem gleich bleibenden Objecte abgeworfen, als letzte auftritt, größer sein als ihre Vorgänger.

Nimmt z. B. der Geldwerth derartig ab, daß

	100 *M*	im	Jahre	1883	
=	101	„	„	1884	
=	102	„	„	1885	.
=	103	„	„	1886	
=	104	„	„	1887	

sind und kann man für 100 *M* im Jahre 1883 10 Festmeter Holz kaufen, so ist, wenn das Holz denselben Werth behält, der Preis derselben 10 Festmeter

1884	=	101	*M*
1885	=	102	„
1886	=	103	„
1887	=	104	„ .

Hieraus folgt weiter, daß im Allgemeinen die aus dem Durchschnitte der Wirthschaftsresultate von 10 Jahren hergeleitete Rente niedriger ist, als die wirkliche Rente des letzten Jahres.

Von diesem allgemeinen Gesetz kann jeder Specialfall mehr oder minder abweichen, ebenso wie z. B. die mittlere Jahrestemperatur eines Ortes im Allgemeinen bestimmten Gesetzen folgt und doch im einzelnen Falle fast immer eine Abweichung davon zeigt.

Wegen dieser Schwankungen müssen wir aber trotz der Durchschnittsrechnungen den Reservefonds beibehalten und durch ihn die Gleichstellung der Renten bewirken.

§ 92.

Aus unseren Darlegungen über die Rentenberechnung geht wohl der Beweis für den im § 88 ausgesprochenen Satz hervor, daß der Reservefonds, wenn erst die ganze Zahl der Abschlüsse in Rechnung gestellt ist, nicht mehr den erheblichen Zuschuß, wie in der I. Periode verlangt.

In der That kann er auch da bereits fortfallen, wo er aus der ersten Periode sehr gekräftigt hervorgeht. Das wird aber wohl nur in Ausnahmefällen statthaben, ebenso wie der entgegengesetzte Fall, wo er trotz der 10procentigen Abzüge nur geringe Mittel enthält. Welche Abzüge für die weitere Wirthschaft angenommen werden sollen, ist, wie schon erwähnt, im Einzelnen bei der Taxations-Revision zu entscheiden.

Auffallend mag es erscheinen, daß der Fonds bei gleichen procentalen Abzügen, selbst bei gleichen Renten innerhalb eines Jahrzehntes ungleich dotirt aus der Wirthschaft hervorgeht. Und doch ist das der Fall und zwar wird es hervorgerufen durch die Art und Weise, wie die hohen und niedrigen Renten innerhalb des Zeitraumes stehen.

Kommen zuerst hohe, dann niedrige, so hat der Reservefonds am Schluß wenig, ist das Verhältniß umgekehrt, so hat er viel.

Wir wollten dieses bereits § 88 angedeutete Verhältniß durch Beispiele klar stellen. Sie sollen jetzt gegeben werden.

Nehmen wir den Fall an, daß bei stets gleicher Flächennutzung innerhalb eines Jahrzehntes die Rentenerträge von

1000 — 950 — 900 — 850 — 800
750 — 700 — 650 — 600 — 550 ℳ

erfolgen und daß sie der Zeit nach, so wie sie hier stehen, entfallen, so ist die Rechnung folgende:

1. Jahr.

Reinertrag	= 1000	ℳ
10 % Abzug für den Reservefonds	= 100	„
bleibt Rente	900	ℳ.

Der Reservefonds erhält 1000 — 900 = ... + 100 ℳ.

2. Jahr.

Reinertrag durchschnittlich . . .	=	975 *M*
10 % Abzug für den Reservefonds	=	97,5 „
	bleibt Rente	877,5 *M*.

Der Reservefonds erhält 950 — 877,5 = ... + 72,5 *M*.

3. Jahr.

Reinertrag durchschnittlich . . .	=	950 *M*
10 % Abzug für den Reservefonds	=	95 „
	bleibt Rente	855 *M*.

Der Reservefonds erhält 900 — 855 = ... + 45 *M*.

4. Jahr.

Reinertrag durchschnittlich . . .	=	925 *M*
10 % Abzug für den Reservefonds	=	92,5 „
	bleibt Rente	832,5 *M*.

Der Reservefonds erhält 850 — 832,5 = ... + 17,5 *M*.

5. Jahr.

Reinertrag durchschnittlich . . .	=	900 *M*
10 % Abzug für den Reservefonds	=	90 „
	bleibt Rente	810 *M*.

Der Reservefonds zahlt 810 — 800 = ... 10 *M*.

6. Jahr.

Reinertrag durchschnittlich . . .	=	875 *M*
10 % Abzug für den Reservefonds	=	87,5 „
	bleibt Rente	787,5 *M*.

Der Reservefonds zahlt 787,5 — 750 = ... 37,5 *M*.

7. Jahr.

Reinertrag durchschnittlich . . .	=	850 *M*
10 % Abzug für den Reservefonds	=	85 „
	bleibt Rente	765 *M*.

Der Reservefonds zahlt 765 — 700 = ... 65 *M*.

8. Jahr.

Reinertrag durchschnittlich . . .	=	825 ℳ
10 % Abzug für den Reservefonds	=	82,5 „
bleibt Rente		742,5 ℳ.

Der Reservefonds zahlt 742,5 — 650 = ... 92,5 ℳ.

9. Jahr.

Reinertrag durchschnittlich . . .	=	800 ℳ
10 % Abzug für den Reservefonds	=	80 „
bleibt Rente		720 ℳ.

Der Reservefonds zahlt 720 — 600 = ... 120 ℳ.

10. Jahr.

Reinertrag durchschnittlich . . .	=	775 ℳ
10 % Abzug für den Reservefonds	=	77,5 „
bleibt Rente		697,5 ℳ.

Der Reservefonds zahlt 697,5 — 550 = ... 147,5 ℳ.

Die Rechnung giebt positive Werthe von zusammen 235 ℳ, negative von zusammen . . . . 472,5 ℳ,

d. h. also, daß der Fonds nicht nur nichts angesammelt hat, sondern auch seinen Verpflichtungen nicht nachkommen konnte.

Erhalten wir die Reinerträge in umgekehrter Reihenfolge, so geht hingegen der Fonds sehr hoch aus der Periode hervor, und jeder weitere Abzug zu seinen Gunsten muß als überflüssig angesehen werden.

Die Verhältnisse sind folgende:

1. Jahr.

Reinertrag	=	550 ℳ
10 % Abzug für den Reservefonds	=	55 „
bleibt Rente	=	495 ℳ.

Der Reservefonds erhält 550 — 495 = ... + 55 ℳ.

2. Jahr.

Reinertrag durchschnittlich	=	575	M
10 % Abzug für den Reservefonds	=	57,5	„
bleibt Rente	=	517,5	M.

Der Reservefonds erhält 600 — 517,5 = ... + 82,5 M.

3. Jahr.

Reinertrag durchschnittlich	=	600	M
10 % Abzug für den Reservefonds	=	60	„
bleibt Rente	=	540	M.

Der Reservefonds erhält 650 — 540 = ... + 110 M.

4. Jahr.

Reinertrag durchschnittlich	=	625	M
10 % Abzug für den Reservefonds	=	62,5	„
bleibt Rente	=	562,5	M.

Der Reservefonds erhält 700 — 562,5 = ... + 137,5 M.

5. Jahr.

Reinertrag durchschnittlich	=	650	M
10 % Abzug für den Reservefonds	=	65	„
bleibt Rente	=	585	M.

Der Reservefonds erhält 750 — 585 = ... + 165 M.

6. Jahr.

Reinertrag durchschnittlich	=	675	M
10 % Rente für den Reservefonds	=	67,5	„
bleibt Rente	=	607,5	M.

Der Reservefonds erhält 800 — 607,5 = ... + 192,5 M.

7. Jahr.

Reinertrag durchschnittlich	=	700	M
10 % Abzug für den Reservefonds	=	70	„
bleibt Rente	=	630	M.

Der Reservefonds erhält 850 — 630 = ... + 220 M.

8. Jahr.

Reinertrag durchschnittlich . . . . = 725 ℳ
10 % Abzug für den Reservefonds = 72,5 „

bleibt Rente = 652,5 ℳ.

Der Reservefonds erhält 900 – 652,5 = ... + 247,5 ℳ.

9. Jahr.

Reinertrag durchschnittlich . . . . = 750 ℳ
10 % Abzug für den Reservefonds = 75 „

bleibt Rente = 675 ℳ.

Der Reservefonds erhält 950 — 675 = ... + 275 ℳ.

10. Jahr.

Reinertrag durchschnittlich . . . . = 775 ℳ
10 % Abzug für den Reservefonds = 77,5 „

bleibt Rente = 697,5 ℳ.

Der Reservefonds erhält 1000 — 697,5 = ... + 302,5 ℳ.

Die Dotation des Fonds beträgt mithin im Ganzen 1787,5, ein Betrag, der verbunden mit der Art der Rentenberechnung aus dem Reinertragsdurchschnitte allen Schwankungen auf lange Zeit hinaus gewachsen ist.

Wechselt ein hoher Betrag mit einem niedrigen, so ist die Fondsbildung verschieden, je nachdem der hohe oder niedrige vorangeht. Das letztere ist dabei wiederum günstiger.

Folgen die Reinerträge 550 — 1000 — 600 — 950 — 650
900 — 700 — 850 — 750 — 800
auf einander, so rechnen wir:

1. Jahr.

Reinertrag . . . . = 550 ℳ
10 % Abzug für den Reservefonds = 55 „

bleibt Rente = 495 ℳ.

Der Reservefonds erhält . . . . + 55 ℳ.

2. Jahr.

Reinertrag durchschnittlich . . . . = 775 ℳ
10 % Abzug für den Reservefonds = 77,5 „
bleibt Rente = 697,5 ℳ.

Der Reservefonds erhält 1000 — 697,5 = ... + 302,5 ℳ.

3. Jahr.

Durchschnittlicher Reinertrag . . . = 717 ℳ
10 % Abzug für den Reservefonds = 71,7 „
bleibt Rente = 645,3 ℳ.

Der Reservefonds zahlt 645,3 — 600 = ... 45,3 ℳ.

4. Jahr.

Durchschnittlicher Reinertrag . . . = 775 ℳ
10 % Abzug für den Reservefonds = 77,5 „
bleibt Rente = 697,5 ℳ.

Der Reservefonds erhält 950 — 697,5 = ... + 252,5 ℳ.

5. Jahr.

Reinertrag durchschnittlich . . . . = 750 ℳ
10 % Abzug für den Reservefonds = 75 „
bleibt Rente = 675 ℳ.

Der Reservefonds zahlt 675 — 650 = ... 25 ℳ.

6. Jahr.

Durchschnittlicher Reinertrag . . . = 775 ℳ
10 % Abzug für den Reservefonds = 77,5 „
bleibt Rente = 697,5 ℳ.

Der Reservefonds erhält 900 — 697,5 = ... + 202,5 ℳ.

7. Jahr.

Durchschnittlicher Reinertrag . . . = 764 ℳ
10 % Abzug für den Reservefonds = 76,4 „
bleibt Rente = 687,6 ℳ.

Der Reservefonds erhält 700 — 687,6 = ... + 12,4 ℳ.

8. Jahr.

Durchschnittlicher Reinertrag . . . = 775 M
10 % Abzug für den Reservefonds = 77,5 „
bleibt Rente = 697,5 M.

Der Reservefonds erhält 850 — 697,5 = ... + 152,5 M.

9. Jahr.

Durchschnittlicher Reinertrag . . . = 773 M
10 % Abzug für den Reservefonds = 77,3 „
bleibt Rente = 695,7 M.

Der Reservefonds erhält 750 — 695,7 = ... + 54,3 M.

10. Jahr.

Durchschnittlicher Reinertrag . . . = 775 M
10 % Abzug für den Reservefonds = 77,5 „
bleibt Rente = 697,5 M.

Der Reservefonds erhält 800 — 697,5 = ... + 102,5 M.

Der Reservefonds hat erhalten = 1134,2 M
gezahlt 70,3 „
also einen Bestand von 1063,9 M.

Als Renten sind unter Abrundung auf Ganze
gezahlt . . 495- 698-645-698-675-698-688-698-696-698
gegenüber den
Reinerträgen 550-1000-600-950-650-900-700-850-750-800

Geht der hohe Reinertrag voran, so gestaltet sich die Rechnung folgendermaßen:

1. Jahr.

Reinertrag durchschnittlich . . . = 1000 M
10 % Abzug für den Reservefonds = 100 „
bleibt Rente = 900 M.

Der Reservefonds erhält 1000 — 900 = ... + 100 M.

2. Jahr.

Reinertrag durchschnittlich . . .	=	775	M
10 % Abzug für den Reservefonds	=	77,5	„
bleibt Rente	=	697,5	M.

Der Reservefonds zahlt 697,5 — 550 = ... 147,5 M,
wird also insolvent und kann nur die Rente auf 550 + 100 = 650 bringen.

3. Jahr.

Reinertrag durchschnittlich . . .	=	833,3	M
10 % Abzug für den Reservefonds	=	83,3	„
bleibt Rente	=	750	M.

Der Reservefonds erhält 950 — 750 = ... 200 M.

Die schuldig gebliebenen 47,5 können jetzt nachträglich noch ausgezahlt werden, so daß dem Fonds verbleiben 152,5.

4. Jahr.

Reinertrag durchschnittlich . . .	=	775	M
10 % Abzug für den Reservefonds	=	77,5	„
bleibt Rente	=	697,5	M.

Der Reservefonds zahlt 697,5 — 600 = ... 97,5 M.

5. Jahr.

Reinertrag durchschnittlich . . .	=	800	M
10 % Abzug für den Reservefonds	=	80	„
bleibt Rente	=	720	M.

Der Reservefonds erhält 900 — 720 = ... + 180 M.

6. Jahr.

Reinertrag durchschnittlich . . .	=	775	M
10 % Abzug für den Reservefonds	=	77,5	„
bleibt Rente	=	697,5	M.

Der Reservefonds zahlt 697,5 — 650 = ... 47,5 M.

7. Jahr.

Reinertrag durchschnittlich . . .	=	785,7 M
10 % Abzug für den Reservefonds	=	78,6 „
bleibt Rente	=	707,1 M.

Der Reservefonds erhält 850 — 707,1 = ... + 142,9 M.

8. Jahr.

Reinertrag durchschnittlich . . .	=	775 M
10 % Abzug für den Reservefonds	=	77,5 „
bleibt Rente	=	697,5 M.

Der Reservefonds erhält 700 — 697,5 = ... + 2,5 M.

9. Jahr.

Reinertrag durchschnittlich . . .	=	777,8 M.
10 % Abzug für den Reservefonds	=	77,8 „
bleibt Rente	=	700 M.

Der Reservefonds erhält 800 — 700 = ... + 100 M.

10. Jahr.

Reinertrag durchschnittlich . . .	=	775 M
10 % Abzug für den Reservefonds	=	77,5 „
bleibt Rente	=	697,5 M.

Der Reservefonds erhält 750 — 697,5 = ... + 52,5 M.

Als Renten sind in diesem Falle gezahlt	900-698-750-698-720-698-707-698-700-698
gegenüber Reinertrag der einzelnen Jahre	1000-550-950-600-900-650-850-700-800-750

Der Reservefonds besitzt, wenn er allen Verpflichtungen nachgekommen ist, 777,9 — 292,5 = 485,4 M.

§ 93.

Die vorgeführten Beispiele zeigen, daß unter ganz besonderen Verhältnissen, wie in § 88 bereits ausgesprochen ist, wirklich der Betrag von zehn Procent nicht genügt, um die Herstellung des

Reservefonds zu ermöglichen. Wenn sich also voraussehen läßt, daß die Erträge innerhalb der Periode sehr ungleich sein und die hohen in den ersten Jahren erfolgen werden, ist daher der Abzug zu erhöhen und zwar bis zu einem Betrage, der von Fall zu Fall zu beurtheilen ist. Selbst in einem so ungünstigen aber, wie in demjenigen, wo im ersten Jahre die Rente 1000 erfolgte und jedes weitere eine um 50 M niedrigere brachte, würde ein Abzug von 20 % die Fondsbildung sichern.

1. Jahr.

Reinertrag . . . . = 1000 M
20 % Abzug für den Reservefonds = 200 "
bleibt Rente = 800 M.

Der Reservefonds erhält . . . . 200 M.

2. Jahr.

Reinertrag durchschnittlich . . . . = 975 M
20 % Abzug für den Reservefonds = 195 "
bleibt Rente = 780 M.

Der Reservefonds erhält 950 — 780 = ... 170 M.

Im weiteren Verlauf nimmt die Rente stetig um 20 M, die Dotation des Reservefonds um 30 M ab, so daß also folgende Verhältnisse sich ergeben:

Jahr	Reinertrag	Rente	Dotation des Reservefonds
1.	1000	800	+ 200
2.	950	780	+ 170
3.	900	760	+ 140
4.	850	740	+ 110
5.	800	720	+ 80
6.	750	700	+ 50
7.	700	680	+ 20
8.	650	660	— 10
9.	600	640	— 40
10.	550	620	— 70.

Am Schlusse der Wirthschaft hat der Reservefonds die Höhe von 650 *M* behalten.

Das Ungünstigste, was nun eintreten kann, ist ein mehrere Jahre währendes Verharren des Reinertrages auf dem niedrigsten Stande. Programmmäßig fällt nämlich (cfr. § 92) ein Theil des Abzuges fort. Wir wollen annehmen, er wird auf 5 % ermäßigt. Programmmäßig soll ferner von jetzt ab die Rente pro Hektar dieselbe oder eine größere Höhe in jedem späteren Jahre erhalten.

Die der Wirthschaft scheinbar entgegenstehenden Schwierigkeiten sind daher nicht gering.

Bei stets gleich bleibender normaler Flächennutzung setzt sich das Beispiel, wenn die Erträge 550 — 550 — 600 — 650 — 750 — 800 — 850 — 900 — 950 — 1000 folgen, in nachstehender Weise fort:

11. Jahr.

Reinertrag der Jahre 1—10 . . .	= 7750 *M*
Es fällt fort der Ertrag des ersten	= 1000 „
bleibt	= 6750 *M*.
Es tritt hinzu der Reinertrag des laufenden	= 550 „
	= 7300 *M*
durchschnittlich	= 730 „.
5 % Abzug für den Reservefonds rot.	= 36 „
bleibt Rente	= 694 *M*.

Der Reservefonds zahlt 694 — 550 = ... 144 *M*.

12. Jahr.

Die Rente bleibt, obwohl sie sich durch Fortlassung des 12. und Hinzutritt des 2. Jahres niedriger stellen würde, auf 694 *M* stehen, der Reservefonds zahlt also abermals 144 *M*.

13. Jahr.

Die Rente bleibt dieselbe, der Reservefonds zahlt 694 — 600 = 94 *M*.

14. Jahr.

Der Reservefonds zahlt 694 — 650 = 44 *M*.

15. Jahr.

Gesammtreinertrag des 6.—15. Jahres . .	= 6350 ℳ
Durchschnittlich	= 635 „
Die Rente bleibt abermals	= 694 „

Der Reinertrag des 15. Jahres beläuft sich auf 750. Der Reservefonds erhält also dieses Mal wieder einen Zufluß von 56 ℳ, nachdem sein Bestand auf 224 ℳ herabgeschmolzen war.

16. Jahr.

Gesammtreinertrag des 7.—16. Jahres . .	= 6400 ℳ
Durchschnittlich	= 640 „
Die Rente bleibt	= 694 „

Der Reservefonds erhält 800 — 694 = ... 106 ℳ.

17. Jahr.

Gesammtreinertrag des 8.—17. Jahres . .	= 6550 ℳ
Durchschnittlich	= 655 „
Die Rente bleibt	= 694 „

Der Reservefonds erhält 850 — 694 = ... 156 ℳ.

18. Jahr.

Gesammtreinertrag des 9.—18. Jahres . .	= 6800 ℳ
Durchschnittlich	= 680 „
Die Rente bleibt abermals	= 694 „

Der Reservefonds erhält 900 — 694 = ... 206 ℳ.

19. Jahr.

Gesammtreinertrag des 10.—19. Jahres .	= 7150 ℳ
Durchschnittlich	= 715 „
5% Abzug für den Reservefonds	= 32 „
Die Rente bleibt nochmals	= 694 „

Der Reservefonds erhält 950 — 694 = ... 256 ℳ.

20. Jahr.

Gesammtreinertrag des 11.—20. Jahres .	= 7600 ℳ
wonach die Rente = 760 — 38	= 722 „

die Dotation des Reservefonds sich zu 1000 — 722 = 278 ℳ ergiebt.

Wir haben demnach folgende Wirthschaftsresultate zu verzeichnen:

Jahr	Reinertrag	Rente	Dotation des Reservefonds
11.	550	694	— 144
12.	550	694	— 144
13.	600	694	— 94
14.	650	694	— 44
15.	750	694	+ 56
16.	800	694	+ 106
17.	850	694	+ 156
18.	900	694	+ 206
19.	950	694	+ 256
20.	1000	722	+ 278

Die Rente soll nun mindestens die Höhe von 722 *M* halten, wie sie vorher die von 694 *M* hielt. Der Reservefonds ist während der Periode von 650 durch Zahlungen auf 224 gefallen und hat sich dann wieder auf 1282 *M* gehoben, also auf einen Betrag, der allen Anforderungen genügen wird, selbst wenn jetzt der procentale Abzug zu seinen Gunsten ganz fortfällt.

§ 94.

Wir wollen sodann noch des auch schon erwähnten Ausnahmefalles gedenken, daß eine Maßregel zu Gunsten des Reservefonds im späteren Verlauf der Wirthschaft wieder einmal nothwendig wird.

Der Fall kann dann eintreten, wenn eine ganze Reihe von Jahren hindurch der Reinertrag pro Hektar sehr groß ist, dann aber dauernd in erheblichem Maße sich ermäßigt.

Durch die hinter einander folgenden fetten Jahre wird der nach 10jährigem Durchschnitt sich berechnende Reinertrag sehr hoch gehoben. Verlangen wir nun, daß die Rente unter allen Umständen danach dauernd gezahlt wird, so muß bei den geschilderten obwaltenden Verhältnissen der Reservefonds zahlungsunfähig werden.

Die Angelegenheit ist bei der nächsten Taxations-Revision zu ordnen. Ein früherer Termin ist nicht nothwenolg, denn zweifellos hat der Fonds während des Rentenaufstie‚es reichliche Einnahmen gehabt und ist zu einer relativ großen Höhe gelangt. Seine

Mittel genügen daher, um für eine ganze Reihe von Jahren die Fortzahlung der unverkürzten Rente zu sichern. Hebt sich z. B. in dem vorhin angegebenen Beispiele im weiteren Verlaufe der Wirthschaft der Reinertrag für 8 Jahre auf 1500 ℳ und sinkt dann für fernere 12 Jahre auf 800 ℳ herab, ein Fall, der durch die verschiedene Qualität des Materials hervorgerufen werden kann, so gestaltet sich die Rechnung folgendermaßen:

21. Jahr.

Gesammtreinertrag 7600 — 550 + 1500 . = 8 550 ℳ
Rente . . . . = 855 „
Dotirung des Reservefonds 1500 - 855 = . . . + 645 ℳ.

22. Jahr.

Gesammtreinertrag 8550 — 550 + 1500 . = 9 500 ℳ
Rente . . . . = 950 „
Dotirung des Reservefonds 1500 — 950 = . . . + 550 ℳ.

23. Jahr.

Gesammtreinertrag 9500 — 600 + 1500 . = 10 400 ℳ
Rente . . . . = 1 040 „
Dotirung des Reservefonds 1500 — 1040 = . . . + 460 ℳ.

24. Jahr.

Gesammtreinertrag 10 400 — 650 + 1500 = 11 250 ℳ
Rente . . . . = 1 125 „
Dotirung des Reservefonds 1500 — 1125 = . . . + 375 ℳ.

25. Jahr.

Gesammtreinertrag 11 250 — 750 + 1500 = 12 000 ℳ
Rente . . . . = 1 200 „
Dotirung des Reservefonds 1500 — 1200 = . . . + 300 ℳ.

26. Jahr.

Gesammtreinertrag 12 000 — 800 + 1500 = 12 700 ℳ
Rente . . . . = 1 270 „
Dotirung des Reservefonds 1500 — 1270 = . . . + 230 ℳ.

27. Jahr.

Gesammtreinertrag 12 700 — 850 + 1500 = 13 350 ℳ
Rente . . . . = 1 335 „
Dotirung des Reservefonds 1500 — 1335 = . . . + 165 ℳ.

28. Jahr.

Gesammtreinertrag 13 350 — 900 + 1500 = 13 950 ℳ
Rente . . . . = 1 395 „
Dotirung des Reservefonds 1500 — 1395 = . . . + 105 ℳ.

Der Reservefonds besaß am Schlusse des 20. Jahres 1282 ℳ,
er hat jetzt erhalten im Ganzen . . . . 2830 „
beläuft sich also in Summa auf 4112 ℳ.

Die Rente bleibt im Maximum mit 1395 ℳ, es ist also in den nächsten 2 Jahren ein Zuschuß von zusammen 2 . 595 = 1190 ℳ nothwendig.

Die Taxations-Revision findet jetzt einen Fonds von 2922 ℳ vor und die Aussicht, daß die Rente auf 800 ℳ verbleibt, weil der Hieb die ganze Periode hindurch in demselben Bestande wie in den letzten Jahren geführt werden muß.

Das Maximum der Rente kann bei der großen Differenz nur etwa 6 Jahre noch gezahlt werden. Die Revision muß daher auf Abhülfe Bedacht nehmen. Sie decretirt deshalb, daß die Rente in der nächsten Periode wieder nach dem Durchschnitt regulirt wird, vielleicht auch, je nach der Sachlage, daß außerdem ein Abzug zu Gunsten des Reservefonds eingeführt wird. Wir wollen für unser Beispiel hier annehmen, daß nur das erste angeordnet wird und sehen, wie sich die Renten dann stellen.

31. Jahr.

Gesammtreinertrag . . . . = 12 900 ℳ
Rente . . . . = 1 290 „
Der Reservefonds zahlt 1290 — 800 = ... 490 ℳ.

32. Jahr.

Gesammtreinertrag 12 900 — 1500 + 800 = 12 200 ℳ
Rente . . . . = 1 220 „
Der Reservefonds zahlt 1220 — 800 = ... 420 ℳ.

33. Jahr.

Gesammtreinertrag 12 200 — 1500 + 800	=	11 500 *M*
Rente	=	1 150 „
Der Reservefonds zahlt		350 *M*.

Die Rente nimmt für das 34., 35., 36., 37., 38. Jahr gleichmäßig um 70 *M* ab, um die gleiche Höhe auch der Zuschuß aus dem Reservefonds.

Die Renten werden daher für das

34. Jahr	= 1080,	die Zuschüsse	= 280
35. „	= 1010,	„ „	= 210
36. „	= 940,	„ „	= 140
37. „	= 870,	„ „	= 70
38. „	= 800,	„ „	= 0.

Für das 39. und 40. Jahr bleibt die Rente auf 800 stehen. Der Reservefonds hat daher nichts zu zahlen und empfängt auch nichts.

Innerhalb der ganzen Periode hat er einen Zuschuß von 1960 *M* geleistet und tritt mit einem Bestande von 962 in die neue ein.

§ 95.

Eine durchaus beabsichtigte Folge von dem Satze, daß die Rente nach dem Maximum des Reinertrages der Flächeneinheit geregelt wird, ist die, daß dabei die ganze Rente nur dann ebenfalls im Maximum bleibt, wenn der Kulturbetrieb ein guter ist.

Nach den von uns angenommenen Sätzen berechnet sich die Flächenabnutzung nur aus derjenigen Fläche, die Bestände trägt und fertig kultivirt ist. Ausgeschlossen sind hingegen die Räumden, Blößen und unfertigen Kulturen. Schlechte Kulturausführung verringert die Fläche, die wir in den Zähler des bezüglichen Bruches $\frac{\text{Fläche}}{\text{Umtrieb}}$ einsetzen und damit auch den Quotienten. Es muß daher auch das Product, aus dem die Rente hervorgeht, da es aus Reinertrag der Flächeneinheit und diesem Quotienten gebildet wird, kleiner werden.

Ist z. B. die Fläche zu 1000 ha bei der Betriebseinrichtung gefunden und der Umtrieb auf 80 Jahre festgesetzt, so ist die jährliche Flächenabnutzung 12,5 ha. Steht ferner innerhalb der Periode der Reinertrag eines Hektars auf 1000 *M*, so ist die Rente 12 500 *M*. Kommt nun die Taxations-Revision und findet, daß der Kulturbetrieb nicht der Abnutzung entsprochen hat, daß vielmehr von den 125 ha, die in der vorigen Periode gehauen sind, 40 als unfertig zu bezeichnen sind, so sinkt die rechnungsmäßige Fläche auf 960 ha, die jährlich zu hauende auf 12 ha und die Rente auf 12 000 *M*.

Diese Einbuße kann erst später eingeholt werden, nachdem eine energischere Handhabung des Kulturbetriebes stattgefunden hat.

Des Waldbesitzers eigenes Interesse wird durch diese Rechnungsmethode mit dem Kulturbetrieb eng verbunden. Er wird Alles daran setzen, um die Fläche wieder voll in Bestand zu bekommen, denn Sparsamkeit am unrechten Flecke und zur unrechten Zeit bringt ihm nachher eine Minderung der Rente ein.

Endlich liegt in den Folgen dieser Rechnungsart wohl die größtmögliche Garantie für die Nachhaltigkeit der Wirthschaft. Der Wiederanbau ist damit so eng und deutlich an die Holzernte geknüpft und ebenso der Rentengenuß an den Wiederanbau, daß Niemand dieses Verhältniß übersehen kann.

Das wird und muß dem Walde zum Vortheile gereichen!

IV. Theil.

Die Controle des Wirthschaftsbetriebes.

§ 96.

Mit Aufstellung des Betriebsplanes ist der Wirthschaft die Grundlage gegeben. Der Plan allein genügt aber nicht. Wir müssen uns auch überzeugen können, daß die Wirthschaft den gewiesenen Linien gemäß geführt wird. Der Plan kann und wird außerdem Fehler enthalten und diese leiten den Lauf der Wirthschaft allmählich in etwas andere Bahnen, als beabsichtigt ist. Wir müssen Mittel haben, die Fehler und ihre Größe ausfindig zu machen und ihren Einfluß aufzuheben.

Fehler können z. B. in den Flächenangaben des Betriebsplanes liegen, namentlich da von uns mit Rücksicht auf die unter diesem Abschnitte zu entwickelnden Grundsätze die haarscharfe Vermessung nicht gefordert ist. Fehler können und werden bestimmt vorkommen in den Ausmessungen der jährlichen Schlagflächen. Der Einfluß beider auf den Gang der Wirthschaft erhellt ohne Weiteres.

Wir werden also Maßregeln zu treffen haben, welche die Differenzen zwischen Flächen-Soll und Ist in ihrer Wirkung beseitigen.

Dazu dient Abtheilung I. des Controlbuchs.

In der Praxis können sodann Fälle vorkommen, die eine kleine Abweichung von der rechnungsmäßigen Flächennutzung erwünscht scheinen lassen. Ich erinnere nur an den Fall, daß eine selbstständige Wirthschaftsfigur etwas mehr oder weniger an Fläche enthält, als die etatsmäßige. Dann würde es doch offenbar gleich verkehrt sein, wenn der Wirthschafter einen kleinen Rest stehen ließe, oder eine neue Figur — ich möchte sagen — annagte, nur zu dem Zwecke, um ganz genau die etatsmäßige Fläche zu haben.

Die Nachhaltigkeit und die Sicherung des Betriebes verlangt aber, daß diese Abweichungen nicht unbemerkt bleiben, daß sie vielmehr genau registirt und durch die anderer Jahre aufgehoben werden.

Um das wirksam ausführen zu können, müssen wir ein zweites Buch einrichten, also ein solches, das sich mit der Controle der Flächenabnutzung beschäftigt.

§ 97.

Der Nachhaltbetrieb setzt voraus, daß dem Hiebe die Kultur entspricht und daß diese wiedergiebt, was dem Walde genommen ist. Eine liederliche Ausführung der Kulturen kann bei vollständig planmäßiger Nutzung dennoch alle Absichten der Betriebseinrichtung umwerfen und selbst eine solche Nutzung in einen Raubbau verwandeln.

Auch der Kulturbetrieb muß deshalb unter eine buchmäßige Controle gestellt werden, die es möglich macht, jeden Augenblick die Sachlage zu prüfen.

§ 98.

Endlich ist die Ermittelung und Feststellung sowohl der Rente wie auch der Beträge, welche dem Reservefonds zufließen, einem bestimmten Buche zuzuweisen.

Der Eigenthümer hat ein Recht darauf, sich über den financiellen Theil der Wirthschaft schnell und ausführlich zu informiren. Er muß die Gewißheit sofort erlangen können, daß der Ertrag, der ihm als Rente überwiesen ist, der planmäßigen entspricht. Sie muß also einerseits dergestalt sein, daß er auf einen möglichst gleichmäßigen Bezug derselben rechnen kann, andererseits ihm aber auch wirklich das geben, was er bei den angenommenen Wirthschaftsgrundsätzen mit Fug und Recht beanspruchen kann.

Je mehr Freiheit dem Forstmanne in Ausführung der technischen Wirthschaft zu lassen ist und gelassen werden kann, um so klarer muß die Führung der Controlbücher sein. Das Studium derselben soll jedem mit gesundem Menschenverstand Begabten gestatten, einen Einblick in die Wirthschaft zu erhalten und ein Urtheil zu gewinnen, ob dieselbe nachhaltig betrieben wird oder nicht.

Und haben wir Hieb und Kultur unter gemeinverständliche Controle gestellt, so müssen wir es auch mit der Rentenermittelung und dem Reservefonds. Zudem ist das ja der Theil der Wirthschaft, der den Eigenthümer oder denjenigen, welchem sonst die Rente zu Gute kommt, am meisten interessirt.

Es sind hiernach also 4 Bücher anzulegen, zwei für die Flächencontrole, eins für die der Kultur und eins für die Berechnung der Renten und den Reservefonds.

Wie sie zu führen sind, ist demnächst auseinanderzusetzen.

§ 99.

Abtheilung I. regelt die Flächenabnutzung nach dem Plane. Dem Grundsatze gemäß, daß ein Block ein in sich vollständig abgeschlossenes Ganze ist, muß auch die Flächencontrole blockweise sein. Es ist also nicht zu gestatten, daß das Mehr und Minder in der Flächenabnutzung von einem Block zum anderen übertragen wird.

Deshalb ist für jeden ein besonderer Abschluß zu machen und wir wollen ihm folgende Form geben.

In erster Linie steht das Wirthschaftsjahr, sodann folgt der Nachweis über die stattgehabte Flächennutzung dieses Jahres. Die einzelnen Posten sind zusammenzuzählen.

Unter die betreffende Summe setzen wir die nach dem Plane vorgeschriebene Hiebsfläche und gegen diese wird jene balancirt.

Nach dem vorhandenen Vorgriff resp. der Einsparung berechnet sich dann das zulässige Flächenabnutzungs-Soll für das nächste Jahr.

Im zweiten und ferneren Jahre ist der Vorgang derselbe, nur tritt an die Stelle der durch den Plan festgesetzten Abtriebsfläche das am Schlusse der vorjährigen Berechnung jedesmal ausgeworfene zulässige Flächenabnutzungs-Soll.

Bei der Registrirung derjenigen Orte, in denen der Hieb stattgefunden hat, ist überall anzugeben, ob es sich um den Anhieb, Weiterhieb oder Endhieb handelt. Diese Bemerkungen schließen an die zweite Abtheilung des Controlbuches an. Ueberall, wo es sich um einen Endhieb handelt, kann die Fläche nur mit dem Betrage angesetzt werden, welcher sich aus der Differenz der in dem Plane zur Abnutzung eingesetzten und der bereits genutzten Flächen ergiebt.

Die specielle Aufführung der Hiebsorte dient auch der Kulturcontrole, indem diese direct die betr. Flächen in ihre Register übernehmen kann.

Abtheilung I.

Block	Jagen	Abtheil.		Fläche ha	Fläche dec
			Wirthschaftsjahr 1880.		
I.	5		Anhieb	2	4
	12		Weiterhieb	3	2
	18		Endhieb	2	6
			Summa	8	2
			Planmäßige Flächenabnutzung	8	6
			mithin ist zu viel	—	—
			zu wenig gehauen	0	4
			Das Flächenabnutzungs-Soll pro 1881 beträgt mithin	9	0
II.	26		Weiterhieb	3	0
	32		Endhieb (Fläche wird nicht wieder aufgeforstet)	2	0
	36		Anhieb	1	8
			Summa	6	8
			Planmäßige Flächenabnutzung	6	2
			mithin ist zu viel	0	6
			zu wenig gehauen	—	—
			das Flächenabnutzungs-Soll pro 1881 beträgt mithin	5	6
			Wirthschaftsjahr 1881.		
I.	5		Weiterhieb	2	6
	12		dsgl.	4	6
	19		Anhieb	1	8
			Summa	9	0
			Das Flächenabnutzungs-Soll beträgt	9	0
			mithin ist zu viel	—	—
			zu wenig gehauen	—	—
			Das Flächenabnutzungs-Soll pro 1882 beträgt mithin (planmäßig)	8	6
II.	26		Weiterhieb	3	2
	36		dsgl.	2	4
			Summa	5	6
			Das Flächenabnutzungs-Soll beträgt	5	6
			mithin ist zu viel	—	—
			zu wenig gehauen	—	—
			Das Flächenabnutzungs-Soll pro 1882 beträgt mithin (planmäßig)	6	2

§ 100.

Abtheilung II. soll dafür sorgen, daß Fehler, die gemacht sind bei der Vermessung oder Flächenberechnung, oder solche Fehler, die bei Aufmessung der Schläge gemacht werden, die Wirthschaftsbestimmungen nicht verschieben können.

Ist eine Bestandsfläche eingesetzt in den Plan mit einer bestimmten Größe, so kann sie auch nur mit dieser im Laufe der Wirthschaft erscheinen. War sie z. B. zu 9 ha vermessen und ist der erste Schlag mit 3 ha, der zweite mit 5 ha angegeben, so muß der Rest mit 1 ha angesetzt werden, gleichviel, wie groß er factisch ist. Durch diese Maßregel wird verhindert, daß der Hieb in Folge von Vermessungsfehlern namhaft und auf längere Zeit von dem beabsichtigten Umfange abweichen kann. Jeder Endhieb corrigirt die gemachten Fehler und setzt den Befund im Walde mit dem Plane wieder in Einklang.

Die Abtheilung selbst ist einfach zu führen.

Jeder zur Holzzucht benutzten Abtheilung, welche in der Vermessungstabelle eine besondere Linie erhalten hat und besonders vermessen und berechnet ist, wird ein Conto eingeräumt. Die Bestände folgen in genau derselben Weise wie dort, also Blöcke nach der Nummer, Districte nach der Nummer, Abtheilungen nach dem Buchstaben.

Die erste Linie des Contos enthält die Fläche, mit der der Bestand im Plane angegeben ist.

Wird ein Hieb geführt, so ist mit Bezeichnung des Jahres die Fläche zu nennen, welche gehauen ist, und von der ganzen abzuziehen.

Es ist dann überall sofort klar, wie viel rechnungsmäßig noch abzutreiben ist. Der Raum, welcher den einzelnen Orten in dem Buche zu geben ist, richtet sich nach der Größe der Abtheilung und der ortsüblichen Größe der Schläge.

Zu sparsam darf man jedoch dabei nicht sein, da eine Uebertragung der Abschlüsse auf andere Blätter die Uebersichtlichkeit zerstört.

Abtheilung II.

Block	Jagen-Distr.	Abtheil.	Hiebs-jahr		Fläche	
I.	1	a.		nach dem Plane	13	0
I.	1	b.		nach dem Plane	10	0
I.	2		u. s. f.	nach dem Plane	11	3
I.	5			nach dem Plane	12	4
			1880	Anhieb	2	4
				bleibt Rest	10	0
			1881	Weiterhieb	2	6
				bleibt Rest	7	4
			1882	Weiterhieb	2	8
					4	6
			1883	Weiterhieb	2	5
				bleibt Rest	2	1
				Endhieb	2	1

§ 101.

Der Betriebsplan enthält in der Bestandsbeschreibung eine Abtheilung, welche die unfertigen Kulturen, die Räumden und Blößen der Fläche nach bezeichnet.

Die Controle hat zunächst die Aufgabe, dafür zu sorgen, daß diese Angaben nicht leere Worte bleiben, vielmehr durch von Jahr zu Jahr erneuerte Anmahnungen die Verbesserung des Waldzustandes durch Kultur immer wieder anregen.

Hierzu dient Abtheilung III.

Gleich bei Anlage des Abschnitts hat der Wirthschafter deshalb die im Betriebsplane genannten bezüglichen Flächen in denselben zu übertragen. Sie verschwinden dort erst wieder, wenn die Kulturen als fertig anzusprechen sind.

Der Wirthschaftsbetrieb schafft neue Kulturflächen.

Es müssen auch diese alljährlich in die Controle übergehen. Dort wird dann vermerkt, bei welcher Position des Kulturplanes, wenn ein solcher aufgestellt wird, die Aufforstung in Rechnung gestellt ist. Endlich ist im Herbst, wenn sich der Erfolg übersehen läßt, ein Urtheil über den Stand einzutragen.

Dabei ist zu beachten, daß häufig in einem Jahre die Kultur fertig zu sein scheint, Winter, Frühjahr und Sommer sie aber wieder derartig decimiren, daß sie im nächsten Herbste nicht mehr fertig, sondern wieder der Nachbesserung bedürftig ist. Das Wort „fertig“, welches die Fläche aus der Controle verschwinden macht, ist deshalb mit aller Vorsicht auszusprechen und vielleicht erst zu einem späteren Termin. Augenblicklich fertige Kulturen, denen man aus irgend welchen Gründen nicht ganz traut, mag man als nochmals zu revidirende bezeichnen.

Die Form, in welcher der Abschnitt geführt werden kann, ist folgende:

Abtheilung III.

Block	Jagen	Abtheilung	Weshalb aufgenommen	Fläche ha	Fläche dec	Des Kulturplanes Jahr	Des Kulturplanes pos.	Bemerkungen über die Kultur nach geschehener Ausführung.
			Wirthschaftsjahr 1880.					
I.	6		Auf Grund des Betriebsplanes	3	6	1880	1	nachzubessern
	8		desgl.	2	3		2	zu revidiren
	10		durch den Hieb 1879 . . .	3	4		5	desgl.
	12		desgl.	2	3		6	nachzubessern.
			Wirthschaftsjahr 1881.					
			Auf Grund vorjähriger Controle					
I.	8		zu revidiren	2	3	1881	.	fertig
	10		desgl.	3	4		.	nachzubessern
	6		nachzubessern	3	6		1	fertig
	12		desgl.	2	3		2	zu revidiren
			durch den Hieb 1880.					
	10			3	5		8	nachzubessern
	12			4	3		9	zu revidiren.
			Wirthschaftsjahr 1882.					
			Auf Grund vorjähriger Controle					
I.	12		zu revidiren	2	3	1882	.	fertig
	12		desgl.	4	3		.	desgl.
	10		nachzubessern	3	4		1	desgl.
	10		desgl.	3	5		2	zu revidiren
			durch den Hieb 1881.					
	12			3	3		7	zu revidiren
	10			2	8		8	nachzubessern
			Wirthschaftsjahr 1883.					
			Auf Grund vorjähriger Controle					
	10		zu revidiren	3	5			
	12		desgl.	3	3			
	10		nachzubessern	2	8			

Zur Erklärung des Beispieles sei noch Folgendes bemerkt:

Wir haben hier angenommen, daß der Betriebsplan im Sommer 1879 aufgenommen wurde. Derselbe bezeichnete als nachbesserungsbedürftig Jag. 6 mit 3,6 ha und Jag. 8 mit 2,3 ha. Zu diesen Flächen treten die Schläge von 1879 in Jag. 10 und 12. Soweit konnte die Abtheilung im Frühjahr 1880 aufgestellt werden. Die Kultur erfolgte und im Herbste wurde bei der Besichtigung gefunden und demgemäß vermerkt, daß Jag. 6 nochmals nachzubessern ist, ebenso wie der neue Schlag in Jag. 12. Die Kulturen in Jag. 8 und 10 sind zwar augenblicklich als gerathen zu bezeichnen, sie müssen aber, um des dauernden Erfolges sicher zu sein, nochmals revidirt werden.

Mit diesem Befunde treten wir nun in das nächste Wirthschaftsjahr 1881 ein. Auf Grund vorjähriger Controle sind Jag. 8 und 10 zu revidiren, 6 und 12 nachzubessern. Die Hiebsflächen von 1880 in Jag. 10 und 12 treten als zu kultiviren hinzu. Im Herbste 1881 zeigt sich, daß die Kultur in Jag. 8 auch jetzt noch als gelungen zu bezeichnen ist und es wird das „fertig" ausgesprochen, ebenso für die Fläche in Jag. 6. Nachzubessern bleiben die Schläge von 1879 und 1880 in Jag. 10, zu revidiren die in Jag. 12.

Die fertigen Kulturen fallen nunmehr aus der Controle heraus.

Die Abtheilung wird blockweise geführt, so daß jedem Blocke mehrere auf einander folgende Seiten eingeräumt werden. Die hierdurch gegebene Uebersicht in ihrer gedrängten Kürze gestattet ein rasches und begründetes Urtheil über den Erfolg des Kulturbetriebes. Da bei unserem Verfahren ein Block stets auch ganz einem Schutzbezirk überwiesen wird, so wird die Abtheilung auch oft dazu dienen, ein Urtheil über die Thätigkeit der einzelnen Beamten zu gewinnen. Wenn z. B. das Buch nachweist, daß die Kulturen rasch und gut anschlugen, und es fällt mit einem Wechsel in der Person des Beamten eine Aenderung darin zusammen, so daß nun die Kulturen Jahre lang auf dem Restzettel stehen, so wird man wohl mit Fug und Recht darauf den Beamten hinweisen und ihm die Schuld zuschieben können, wenn er nicht besondere Entlastungsgründe beizubringen vermag.

§. 102.

Abtheilung IV. hat die Rente festzustellen und die Controle über die Höhe des Reservefonds zu führen.

Für jedes Wirthschaftsjahr ist eine neue Seite zu nehmen, damit die Berechnungen für ein Jahr untereinanderstehend, ohne abzubrechen, durchgeführt werden können.

Die blockweise Trennung, die wir bei den bisher genannten Abtheilungen aus waldwirthschaftlichen Rücksichten forderten, ist bei dieser Abtheilung nicht aufrecht zu erhalten.

Das Formular zerfällt in zwei Hauptcolonnen, die linke ist der Rentenfeststellung, die rechte dem Reservefonds gewidmet.

Das Wirthschaftsjahr, für welches die Berechnung gilt, ist in der Ueberschrift vorzutragen. Darunter folgen, soweit sie bereits vorliegen, die Reinerträge nach den Abschlüssen der vorletzten neun Jahre, endlich der des letzten, wie er in die Bilance eingesetzt ist.

Sein Betrag wird in der rechts offenen Colonne nochmals genannt. Wir ziehen dann die Summe der aufgeführten Reinerträge.

Für die Jahre, die oben mit den Reinerträgen genannt sind, werden nun auch die Flächenabnutzungen zusammengetragen und zu einer Summe vereinigt.

Die nächste Zeile ist dem durchschnittlich pro Hektar aufgekommenen Reinertrage eingeräumt. Von diesem wird der bestimmungsmäßig eintretende Betrag in Abzug gebracht und sind dieser Berechnung die nächsten beiden Zeilen gewidmet.

Die folgende Zeile berechnet das Product von dem Rest und der nach dem Betriebsplane gestatteten Flächennutzung. Dieses stellt im Anfang der Wirthschaft und bei jährlichem Betriebe auch die Rente dar.

In späterer Zeit, wo die Rente nach dem Maximum des Durchschnittsertrages berechnet wird, kann sie davon abweichen.

Es sind deshalb der Rentenfestsetzung die nächsten Zeilen gewidmet. Beim jährlichen Betriebe wird die Rente auf der ersten davon genannt, bei dem aussetzenden Betriebe steht hingegen dort der für das Intervall geltende Betrag, der dann auf zweiter Zeile durch Division mit der Jahreszahl auf Jährlichkeit zu bringen ist.

Abtheilung IV.

Renten-Feststellung							Reserve-Fonds				
Erklärung	Fläche						Erklärung	Höhe der Aenderung		Sa. tot. des Fonds	
	ha	dec	M	Pf	M	Pf		M	Pf		
Wirthschaftsjahr 1880.											
inertrag des Abschlusses 1871			1000				Uebertrag			336	02
1872			1050								
1873			900								
1874			1100								
1875			850								
1876			1150								
1877			1300								
1878			1150								
1879			736								
1880			900		900						
Summa . . .			10136								
ächenabnutzung 1871	2	0									
1872	1	8									
1873	1	7									
1874	2	1									
1875	1	9									
1876	1	9									
1877	2	1									
1878	2	0									
1879	1	6									
1880	1	9									
Summa . . .	19	0									
ithin pro ha durchschnittlich . .			533	47							
von ab 5 %			26	67							
bleibt			506	80							
her für die etatsmäßige Fläche von	1	9	962	92							
Rente wird festgesetzt					962	92					
i. gegen den Reinertrag des Jahres 1880 . . . . . mehr					62	92	Abgang	62	92		
			.	.	.	.	Zugang	.	. .		
										273	10

Die darauf folgende Rechnung zieht den Mehr- oder Minderbetrag der Rente gegen den Reinertrag des laufenden Jahres. Dabei ist beim jährlichen Betriebe der Reinertrag gegen die entsprechende Rente, beim aussetzenden der Reinertrag des Intervalls gegen die Summe der für das Intervall fälligen Renten zu balanciren. Das Resultat erscheint dann wieder in der zweiten Hauptcolonne, der Berechnung des Reservefonds.

Das Formular für die Controle dieser ist sehr einfach, die erste Untercolonne declarirt den Betrag, um den sich der Fonds ändert, als Abgang oder Zugang, die zweite nennt den Betrag nach Mark und Pfennig, die dritte dagegen die Gesammthöhe des Reservefonds, indem sie die neuen Posten zu dem bisherigen Bestande addirt.

V. Theil.

Die Erneuerung der Betriebsbestimmungen durch die Taxations-Revision.

§ 103.

Die Arbeiten für die Taxations-Revision beginnen mit dem letzten Wirthschaftsjahre der ablaufenden Periode und haben den doppelten Zweck

1. zu prüfen, ob die Wirthschaft planmäßig geführt ist und der buchmäßige Stand mit dem Befunde im Walde übereinstimmt,
2. von Neuem festzusetzen, wie die Wirthschaft weiter zu führen ist, und zu bestimmen, wo die Nutzungen aus dem Walde zu entnehmen sind.

Sie hat also ungefähr dasselbe Arbeitsfeld, wie die erste Einrichtung, in einigen Beziehungen mehr, in anderen weniger. Hinsichtlich der Feststellung der generellen Grundlagen, also z. B. ob aussetzend, ob jährlich zu wirthschaften oder die Eintheilung zu ändern ist, wird sie weniger, durch Prüfung der Buchführung und der Veränderungen im Walde mehr Arbeit finden. Die Taxations-Revision ist überall nothwendig, damit stets die Betriebseinrichtung den Veränderungen im Waldzustande folgen kann. In unserem Systeme bildet sie aber einen integrirenden Theil deshalb, weil von vornherein die Bestimmungen nur für die I. Periode getroffen sind und die Wirthschaft mit Ablauf derselben führerlos dasteht.

§ 104.

Um den erstgenannten Zweck zu erfüllen, ist zu untersuchen:

1. ob in den Betriebsbeständen, welche im Plane genannt sind, thatsächlich auch die vorgeschriebenen Wirthschaftsmaßregeln zur Ausführung gelangt sind,

2. ob die Abnutzung und Buchung der Flächen so erfolgt ist, daß die ganz zur Verjüngung gebrachten Orte im Plane und im Controlbuche dieselbe Flächensumme zeigen und wieweit ein etwa vorhandener Rest buchmäßig mit dem Befunde im Walde übereinstimmt,
3. ob die Kulturcontrole in ihren Anforderungen in Bezug auf das Gelingen der Kultur das richtige Maß getroffen hat.

Für die erste Untersuchung bietet den nächsten Anhalt die Karte. Nach den im § 78 angenommenen Grundsätzen soll sie nämlich nach dem Stande des Fortschrittes in der Wirthschaft berichtigt sein. Den zweiten Anhalt giebt das Controlbuch in der Abtheilung II. Dort finden wir für jede Wirthschaftsfigur die buchmäßig genutzten Flächentheile und in der letzten Zahl den etwa verbliebenen Rest.

Die zweite Untersuchung besteht zunächst in einer einfachen Prüfung der Aufrechnung in der Abtheilung II. des Controlbuches.

Die vorhandenen buchmäßigen Reste von Beständen resp. die Vorgriffe müssen draußen im Walde nachgewiesen werden. Beides kommt eigentlich am Schlusse der Periode, wenn der Plan überhaupt eingehalten ist, nicht vor. Denn selbst dann, wenn die Periode zur Erfüllung des Flächenetats eine Wirthschaftsfigur nicht ganz, sondern nur zum Theil überwiesen erhielt, haben wir durch Abtheilungsbildung das Stück der I. Periode genau begrenzt. Nur zu oft rufen ja aber Calamitäten Störungen hervor und der planmäßigen Wirthschaft ein gebieterisches Halt zu. Dann können sehr wohl Reste und Vorgriffe vorhanden sein. Die Feststellung der Flächengröße, welche diese haben, ist wichtig, um die Höhe des Reservefonds richtig zu beurtheilen. Denn ein Vorgriff in der Fläche muß bei späterer Einsparung die Mittel für die Rentenergänzung von dorther entnehmen.

Der dritte Punkt ist deshalb einer besonderen Beachtung werth, weil die Rentenhöhe wesentlich durch Gelingen und Mißlingen des Kulturbetriebes beeinflußt wird (cfr. § 95). Ich brauche nur daran zu erinnern, daß der Fläche, welche der Berechnung der Jahresschlaggröße zu Grunde gelegt wird, die unfertigen Kulturen nicht hinzutreten und daß die Rente gleich dem Product ist aus Jahresschlag und Reinertrag der Flächeneinheit.

§ 105.

Die Arbeiten, welche den Zweck haben, die Weiterführung der Wirthschaft in den richtigen Bahnen zu erhalten, schließen sich in Allem genau an den Gang der früher beschriebenen an und wir erhalten durch dieselben ein neues, für die nächste Periode geltendes Betriebswerk.

Die erste Aufgabe stellt die Eintheilung des Revieres, welche, wenn nöthig, zu ergänzen resp. zu berichtigen ist. Es geschieht das dadurch, daß die neu entstandenen Trennungslinien, z. B. Eisenbahnen, Wege u. s. w. in die Karten eingetragen werden. Nach den in Theil II. § 26 ausgesprochenen Grundsätzen sind diese Linien als Grenzen von Wirthschaftsfiguren zu behandeln. Wir erhalten dadurch neue Figuren und es bleibt über deren Numerirung noch Einiges zu sagen.

Wollen wir die Nummern durch das ganze Revier ändern, so hat das manche Bedenken gegen sich. Dahin ist namentlich zu rechnen, daß sich die neuen Nummern womöglich noch schwerer beim Publicum einbürgern, als die ersten, ferner daß Abschnitt II. des Controlbuchs geändert werden muß und daß sich aus den älteren Betriebsregulirungswerken resp. Taxationsschriften der frühere Zustand nur schwer entziffern läßt. Es gehört immer die Kenntniß der früheren Nummer dazu, die der Ort hatte, und das ist oft nicht leicht herauszufinden.

Es möchte daher wohl zu empfehlen sein, die Nummerfolge bestehen zu lassen, und die neuen Wirthschaftsfiguren durch einen hinzugefügten Buchstaben A. B. kenntlich zu machen, eine Praxis, die in preußischen Staatsforsten vielfach mit Nutzen geübt ist.

Tief in die ganzen Revierverhältnisse einschneidende neue Trennungslinien, wie z. B. Eisenbahnen, können sodann auch, abgesehen von der Eintheilung der Waldorte, eine Aenderung der Blöcke, ja der Schutzbezirke hervorrufen und es ist deshalb auch die Frage zu beantworten, ob eine solche Maßregel nothwendig ist oder nicht. Bejahen wollen wir sie, das mag noch besonders hervorgehoben werden, nur in Folge des Eintritts von besonders wichtigen Aenderungen, deren Nichtbeachtung zu Mißständen führen würde.

Die neue Eintheilung des Revieres wird kartographisch dargestellt, die ergänzende Flächenberechnung mit Hülfe des Polarplanimeters vorgenommen und sodann die Vermessungstabelle neu geschrieben.

Das letztere geschieht auch dann, wenn keine Aenderungen vorgenommen sein sollten. Die Tabelle ist nämlich für eine nur auf Fläche begründete Wirthschaft ein zu wichtiges Actenstück, um sie bei den Schriften zu missen, die für den Betrieb in der nächsten Periode maßgebend sind.

§ 106.

Den Umtrieb wollten wir nach § 51 nicht unter 60 Jahr und nicht über 100 Jahr festsetzen, die specielle Festsetzung innerhalb dieses Raumes unter Wahrung aller übrigen Rücksichten aber nach dem Altersklassen-Verhältniß, wie es vorliegt, treffen.

Da das Altersklassen-Verhältniß in den seltensten Fällen ein für den betr. Umtrieb normales war und ist, so dürfen wir uns nicht darüber wundern, wenn im Laufe der Wirthschaft beides zeitweise nicht übereinstimmt. In der That verschiebt selbst die planmäßig geführte Wirthschaft das Verhältniß der Altersklassen so, daß danach ein anderer als der gewählte Umtrieb vorübergehend richtig erscheint (cfr. § 60). Haben wir, um auch hier ein Beispiel einzufügen, bei Beginn der Wirthschaft gehabt

10	ha	25	jähriges Holz
40	„	30	„ „
50	„	40	„ „

so ist das mittlere Alter 34,5 und der zugehörige Umtrieb 69 Jahr. Danach mag er auf 70 Jahr festgesetzt gewesen sein.

Nach 10 Jahren ist das Verhältniß folgendes, wenn die Kultur sofort eingetreten und angeschlagen ist:

14,5	ha	durchschnittlich	5	jähriges Holz
10	„	„	35	„ „
40	„	„	40	„ „
35,5	„	„	50	„ „

Das durchschnittliche Alter ist jetzt 38, der Umtrieb demnach 76 Jahr.

Die Taxations-Revision für die III. Periode findet

14,5	ha	durchschnittlich	5jähriges	Holz
14,5	"	"	15 "	"
10	"	"	45 "	"
40	"	"	50 "	"
21	"	"	60 "	"

Das Durchschnittsalter steigt dadurch auf 40, der Umtrieb auf 80 Jahr. Setzt man diese Rechnung weiter fort, so erhält man:

für	die	IV.	Periode	81jährigen	Umtrieb
"	"	V.	"	81 "	"
"	"	VI.	"	77 "	"
"	"	VII.	"	72 "	"

Es bringt also die Regulirung durch sich die Verschiebung hervor und man wird über dieselbe nur in den Fällen nicht fortzusehen haben, in denen man sie zur Ueberleitung auf einen anderen Umtrieb benutzen will. Die Taxations-Revision hat zu entscheiden, ob eine Aenderung herbeigeführt werden soll.

Durch das vorhin angeführte Beispiel waren wir nach 20 Jahren, in denen der 70jährige Umtrieb galt, im Altersklassen-Verhältniß auf den 80jährigen gekommen. Nehmen wir ihn jetzt an, so sind nach weiteren 20 Jahren vorhanden:

25	ha	1—20jähriges	durchschnittlich	10jähriges	Holz
29	"	20—40 "	"	30 "	"
10	"		"	65 "	"
36	"		"	70 "	"

der zugehörige Umtrieb steht über 80 Jahr.

Nach abermals 20 Jahren stellt sich das Verhältniß noch günstiger und am Ende der Periode ist das normale Verhältniß für den 80jährigen Umtrieb hergestellt.

Eine Umtriebsermäßigung, die wir jedoch wegen des späteren unzweifelhaft eintretenden Rentenausfalls nicht befürworten, kann natürlich bei Beginn jeder Periode eingeführt werden.

§ 107.

Bezüglich der Fälligkeit des Hiebes sind die bei der ersten Einrichtung getroffenen Bestimmungen ebenfalls in der Regel aufrecht zu erhalten. Eine Aenderung kann wohl nur da in Betracht kommen, wo das Waldareal wesentlich von dem früher vorhandenen abweicht und in Folge dessen die Frage, ob ein Beamter angestellt werden kann oder nicht, anders als früher beantwortet werden muß. Ist dasselbe z. B. durch Erwerb neuer Flächen so gestiegen, daß ein Beamter nunmehr seine volle Thätigkeit durch die Bewirthschaftung und die Ausübung des Schutzes findet, so kann auch von dem aussetzenden zum jährlichen Betriebe übergegangen werden, ebenso wie im umgekehrten Falle z. B. bei eingetretenen Veräußerungen und bei umfangreichen Urbarmachungen der aussetzende Betrieb der richtige geworden sein kann und ein Beamter nicht mehr ständig zu halten ist.

§ 108.

Die Bestandsbeschreibung des Revieres wird in jedem Falle neu und genau in derselben Weise angefertigt wie das erste Mal. Ebenso bleibt der Gang bestehen, in dem der Betriebsplan das erste Mal aufgestellt ist, auch ist die kartographische Darstellung desselben die gleiche.

Mit Aufnahme der Bestandsbeschreibung verbinden wir zugleich die Revision der Eintragungen in Abtheilung III. des Controlbuches. Dieselbe enthält die Notizen über das Gelingen und Mißlingen der Kulturen. Jede in der letzten Periode angelegte Kultur ist einer nochmaligen Prüfung zu unterwerfen, wobei festzustellen ist, ob sie wirklich als fertig anzusehen ist und ebenso, ob nicht andere, die noch in der Liste der zu revidirenden und nachzubessernden stehen, als fertig angenommen werden können.

§ 109.

Die Rentenberechnung müssen wir nach einer Richtung hin einer Revision unterziehen. Sie betrifft das Fortbestehen, Ermäßigen oder Erhöhen des procentalen Abzuges vom Reinertrage zu Gunsten des Reservefonds. Der Beschluß darüber wird im Wesentlichen durch die Höhe der hinterlegten Gelder beeinflußt.

Um klar darüber zu werden, was von der Masse des Fonds hervorgegangen ist durch Einsparung von den Reinerträgen und was etwa durch einen Flächenvorgriff, um ferner ein Urtheil darüber zu gewinnen, ob der Fonds aus Flächeneinsparungen noch Forderungen an die Wirthschaft hat, muß Abtheilung I. des Controlbuches zu Rathe gezogen und das Resultat der Prüfung von Abnutzungssoll und Ist beachtet werden, wie schon im § 104 hervorgehoben ist.

Durch Abzug bei Vorgriff, durch Zusetzen bei Einsparung nach Maßgabe des durchschnittlichen Reinertrags pro Hektar erscheint der wirkliche Betrag der für die Ausgleichung der Rente benutzbaren Reserve.

Je nach der Höhe derselben ist das Maß des Abzuges von Neuem festzusetzen, beziehungsweise der Fortfall eines solchen auszusprechen.

Beispiel. Der Reservefonds enthält 30 000 *M.* Die Flächenabnutzung ist 30 ha pro Jahr. Der Durchschnittsertrag der Flächeneinheit 950 *M.*

1. Fall. Abtheilung I. des Controlbuches hat einen Vorgriff von 1,5 ha und die Richtigkeit ist im Walde nachgewiesen.

Es ist dann der aus Einsparungen gesammelte Fonds von 30 000 *M* zu reduciren um $1{,}5 \,.\, 950 = 1425$ *M.* Er behält also 28 575 *M*, eine Summe, die die sehr erhebliche Ermäßigung des Abzuges etwa bis auf 2 % rechtfertigt.

2. Fall. Der Betrag von 1,5 ha ist als Einsparung gefunden. Es ist dann der Reservefonds um 1425 *M* noch zu erhöhen. Er beträgt also 31 425 *M*, und diese Summe wird als ausreichend erachtet, um den Abzug überhaupt fallen zu lassen.

3. Fall. Gesetzt, es ist durch eine Calamität die planmäßige Nutzung zum Theil unmöglich geworden. Abtheilung I. des Controlbuches zeigt im Ganzen einen Vorgriff von 3 ha. Dieser setzt sich aber zusammen aus 45 ha Fläche, die der ersten Periode überwiesen dort nicht genutzt sind, und aus einem Vorgriff bei den Beständen späterer Perioden von 48 ha. Die Zahlen ergeben sich aus einer Aufrechnung in Abtheilung II. Fand nun die Taxations-Revision, indem sie Vorgriffe und Einsparungen prüfte, bezüglich der in Rechnung gebrachten Flächen nichts zu moniren, so wird

der Reservefonds um 3 . 950 = 2850 gekürzt. Ergab aber die Nachmessung, daß an Fläche nur 42 ha noch aus I. Periode übrig sind, so ist also ein Vorgriff von 6 ha vorhanden und demgemäß auch in Abzug zu bringen. Der Reservefonds hat also nur 24300 *M* für sich zu beanspruchen.

§ 110.

Das Controlbuch wird nach denselben Grundsätzen wie bisher weitergeführt. Aenderungen kommen nur insofern vor, als in Abtheilung I. der neue Flächenabnutzungssatz vorgetragen und zur Balance benutzt wird.

Abtheilung II. läuft derartig weiter, daß Flächenabnutzungsfehler früherer Perioden auch in späteren zur Ausgleichung kommen. Wenn die Reviereintheilung eine andere geworden ist, muß diese natürlich aufgenommen werden. Durch die Beigabe einiger Ergänzungsblätter ist wohl in den meisten Fällen dieser Zweck zu erreichen, namentlich da wir bezüglich der Numerirung mit Rücksicht auf die hier nöthigen Aenderungen das Alte nach Möglichkeit bestehen gelassen haben.

Abtheilung III. erhält nach Maßgabe der neugefertigten Bestandsbeschreibung, wie bei Beginn der Wirthschaft, eine Uebersicht derjenigen Räumden, Blößen und unfertigen Kulturen, deren Anbau zu controliren ist, nimmt also eventuell auch Kulturen von Neuem als solche wieder auf, die bereits früher als „fertig“ angesehen wurden.

In Abtheilung IV. bleibt die Rechnungsmethode dieselbe. Nach den Resultaten der Revision ändert sich jedoch der Abzug und die zur Berechnung der Rente eintretende Fläche.

Damit sind der Wirthschaft die Unterlagen für die nächste Periode gegeben. Am Schlusse derselben sind sie in gleicher Weise wie hier von Neuem zu suchen.

Anhang.

Gesetz, betreffend die Verwaltung der den Gemeinden und öffentlichen Anstalten gehörigen Holzungen in den Provinzen Preußen, Brandenburg, Pommern, Posen, Schlesien und Sachsen. Vom 14. August 1876.

(Gesetz-Samml. Seite 373 ff.)

Wir Wilhelm, von Gottes Gnaden König von Preußen 2c. verordnen, mit Zustimmung beider Häuser des Landtages Unserer Monarchie, für die Provinzen Preußen, Brandenburg, Pommern, Posen, Schlesien und Sachsen, was folgt:

§ 1. Die Verwaltung der Holzungen der Gemeinden, Kirchen, Pfarren, Küstereien, sonstigen geistlichen Institute, öffentlichen Schulen, höheren Unterrichts- und Erziehungsanstalten, frommen und milden Stiftungen und Wohlthätigkeitsanstalten unterliegt der Oberaufsicht des Staates nach Maßgabe dieses Gesetzes.

Holzungen, welche sich in staatlicher Verwaltung befinden, werden von diesem Gesetze nicht berührt.

§ 2. Die Benutzung und Bewirthschaftung der in § 1, Absatz 1 bezeichneten Holzungen muß sich innerhalb der Grenzen der Nachhaltigkeit bewegen. Insbesondere darf die Erhaltung der standortsgemäßen Holz- und Betriebsarten nicht durch die Nebenbenutzungen gefährdet werden.

Ein Betrieb, der eine der im § 2 des Gesetzes vom 6. Juli 1875, betreffend Schutzwaldungen und Waldgenossenschaften (Gesetz-Samml. S. 416), bezeichneten Gefahren herbeiführen könnte, ist unzulässig.

§ 3. Der Bewirthschaftung der im § 1 Absatz 1 bezeichneten Holzungen sind Betriebspläne zu Grunde zu legen, welche der Feststellung durch den Regierungspräsidenten bedürfen. Hierbei sind namentlich hinsichtlich der Holz- und Betriebsart, sowie der Umtriebszeit, die wirthschaftlichen Bedürfnisse und die Wünsche der Waldeigenthümer zu berücksichtigen, soweit dies mit den Grundsätzen des § 2 vereinbar ist.

Die im Betriebsplan festgesetzte nachhaltige Holzabnutzung (Abnutzungssatz) ist für den jährlichen Holzeinschlag maßgebend.

Wenn die Gesammtfläche des Waldbesitzes einer Gemeinde beziehungsweise öffentlichen Anstalt so gering ist, daß eine regelmäßige Bewirthschaftung nur mit unverhältnißmäßigen Opfern seitens des Eigenthümers stattfinden kann, oder wenn die Betriebsverhältnisse so einfach sind, daß eine specielle Nutzungsregulirung entbehrlich erscheint, so kann von der Aufstellung förmlicher Wirthschaftspläne Abstand genommen werden. In solchen Fällen genügt eine kurze Darstellung der Standorts- und Betriebsverhältnisse, sowie die Angabe über den Zeitpunkt des Abtriebes und über die Art der Wiederkultur.

§ 4. Abweichungen von dem festgestellten Betriebsplane (§ 3)

a) durch Rodungen,
b) durch den Abtrieb von Holzbeständen, sofern solcher bei Hochwaldungen für die laufende zwanzigjährige Nutzungsperiode, bei dem eingetheilten Mittel- und Niederwalde für die nächsten fünf Jahre im Betriebsplane nicht vorgesehen ist,
c) durch Holzfällungen, welche den Abnutzungssatz bei Berücksichtigung des seit Festsetzung desselben erfolgten Mehr- oder Mindereinschlages um mehr als zwanzig Procent seines Betrages überschreiten würden,
d) durch Ueberschreitungen des Abnutzungssatzes, welche innerhalb der laufenden Nutzungsperiode nicht wieder eingespart werden können,

bedürfen der Genehmigung des Regierungspräsidenten.

Werden Abweichungen der unter a bis d gedachten Art ohne Genehmigung unternommen, so kann der Regierungspräsident eine entsprechende Abänderung des Betriebsplans, insbesondere auch den Wiederanbau gerodeter Flächen mit Holz anordnen.

§ 5. Die Betriebspläne sind der Revision und erneuten Feststellung zu unterziehen, wenn dies von dem Regierungspräsidenten für erforderlich erachtet oder von dem Waldeigenthümer beantragt wird. Mindestens alle zehn Jahre muß eine Revision stattfinden.

§ 6. Der Regierungspräsident kann den Zustand und die Bewirthschaftung der im § 1, Absatz 1 bezeichneten Holzungen an Ort und Stelle untersuchen lassen. Wenn die Untersuchung ergiebt, daß der Betrieb den Grundsätzen des § 2 oder dem festgestellten Betriebsplan nicht entspricht, so kann der Regierungspräsident, unbeschadet der ihm nach § 10 zustehenden Befugnisse, die Einreichung jährlicher Fällungs-, Kultur- und Nebennutzungspläne anordnen. Dieselben sind nach Maßgabe der §§ 2, 3 festzustellen.

§ 7. Die Eigenthümer der im § 1, Absatz 1 bezeichneten Holzungen sind verpflichtet, für den Schutz und die Bewirthschaftung derselben durch genügend befähigte Personen ausreichende Fürsorge zu treffen.

§ 8. Die Gemeinden sind verpflichtet, da, wo ihre Kräfte es gestatten und ein dringendes Bedürfniß der Landeskultur dazu vorliegt, unkultivirte Grundstücke, welche nach sachverständigem Gutachten zu dauernder landwirthschaftlicher oder gewerblicher Nutzung nicht geeignet, dagegen mit Nutzen zur Holzzucht zu verwenden sind, mit Holz anzubauen. Zur Erfüllung dieser Verpflichtung können die Gemeinden nach Anhörung ihrer Vertreter und des Kreisausschusses durch Beschluß des Bezirksraths angehalten werden.

Gegen den Beschluß des Bezirksraths findet innerhalb einer Präclusivfrist von einundzwanzig Tagen die Beschwerde an den Provinzialrath statt.

Die Deckung und Aufforstung der Meeresdünen kann auf Grund dieses Gesetzes nicht gefordert werden.

§ 9. In den Fällen, in welchen die Kräfte der Gemeinden es nicht gestatten, die im Interesse der Landeskultur vorzunehmenden Aufforstungen unkultivirter Grundstücke aus eigenen Mitteln auszuführen, wird denselben aus der Staatskasse nach Maßgabe der im Staatshaushalts-Etat angesetzten Mittel zu diesem Zwecke eine angemessene Beihülfe gewährt.

In allen Fällen ist den Gemeinden, welche auf Grund der im § 8 enthaltenen Verpflichtung Holzkulturen nach forstwirthschaftlichen Regeln ausführen, der zwanzigfache Betrag der auf den betreffenden Grundstücken ruhenden Jahresgrundsteuer zu den Kosten der ersten Anlage aus der Staatskasse zu überweisen.

§ 10. Wenn ein Waldeigenthümer einer ihm nach §§ 2 bis 7 dieses Gesetzes obliegenden Verpflichtung trotz geschehener Aufforderung nicht nachkommt, so ist der Regierungspräsident befugt, die zur Erfüllung der Verpflichtung erforderlichen Handlungen durch einen Dritten ausführen zu lassen, den Betrag der Kosten vorläufig zu bestimmen und im Wege der Execution von dem Verpflichteten einzuziehen.

§ 11. Gegen die auf Grund der §§ 2 bis 7 und § 10 von dem Regierungspräsidenten erlassenen Verfügungen findet innerhalb einer Präclusivfrist von einundzwanzig Tagen Beschwerde an den Oberpräsidenten und gegen den Bescheid des Oberpräsidenten die Klage beim Oberverwaltungsgericht statt. Die Klage kann nur darauf gestützt werden:

1. daß der angefochtene Bescheid auf der Nichtanwendung oder unrichtigen Anwendung des bestehenden Rechts, insbesondere auch der von den Behörden innerhalb ihrer Zuständigkeit erlassenen Verordnungen beruhe;
2. daß die thatsächlichen Voraussetzungen nicht vorhanden seien, welche die Polizeibehörde zum Erlasse der Verfügung berechtigt haben würden;
3. auf die Behauptung, daß das Zwangsmittel nach Art und Höhe nicht gerechtfertigt oder nach Lage der Sache zur Erreichung des angeordneten Zweckes überhaupt nicht erforderlich sei.

§ 12. Die im Staatsforstdienste angestellten Beamten sind den in Ausführung dieses Gesetzes an sie ergehenden Aufträgen des Regierungspräsidenten, des Bezirksraths und des Provinzialraths Folge zu leisten verpflichtet.

§ 13. In der Provinz Posen tritt bis zur Einsetzung von Kreisausschüssen, Bezirksräthen und eines Provinzialraths an die Stelle des Kreisausschusses der Kreistag, an die Stelle des Bezirksraths die Bezirksregierung und an die Stelle des Provinzialraths der Oberpräsident.

Gegen die Verfügungen des Regierungspräsidenten findet die Beschwerde an den Oberpräsidenten und gegen dessen Bescheid die Klage bei dem Oberverwaltungsgericht nach Maßgabe des § 11 statt.

§ 14. Die aus der staatlichen Oberaufsicht erwachsenden Kosten fallen der Staatskasse zur Last.

§ 15. Dieses Gesetz tritt mit dem 1. Januar 1877 in Kraft. Alle demselben entgegenstehenden Bestimmungen, insbesondere die Verordnung vom 24. December 1816, soweit sie für die Provinz Sachsen gilt, sind von diesem Zeitpunkte ab aufgehoben.

§ 16. Der Finanzminister, der Minister des Innern und der Minister für die landwirthschaftlichen Angelegenheiten sind mit der Ausführung dieses Gesetzes beauftragt und erlassen die dazu erforderlichen Anordnungen und Instructionen.

Urkundlich unter Unserer Höchsteigenhändigen Unterschrift und beigedrucktem Königlichen Insiegel.

Gegeben Bayreuth, den 14. August 1876.

(L. S.) **Wilhelm.**

Fürst v. Bismarck. Camphausen. Gr. zu Eulenburg. Leonhardt. Falk. v. Kameke. Achenbach. Friedenthal. v. Bülow. Hofmann.

Instruction zur Ausführung des Gesetzes vom 14. August 1876 wegen Verwaltung der den Gemeinden und öffentlichen Anstalten gehörigen Holzungen in den Provinzen Preußen, Brandenburg, Pommern, Posen, Schlesien und Sachsen vom 21. Juni 1877.

Auf Grund von § 16 des Gesetzes, betreffend die Verwaltung der den Gemeinden und öffentlichen Anstalten gehörigen Holzungen in den Provinzen Preußen, Brandenburg, Pommern, Posen, Schlesien und Sachsen, vom 14. August 1876 (Ges.-Samml. S. 373) wird Folgendes bestimmt:

Zu § 1. — 1. Der Regierungs-Präsident, als ausführendes Organ für die durch das Gesetz vom 14. August 1876 geregelte Staatsaufsicht über die Verwaltung der Gemeinde- und Anstaltswaldungen, hat die dem Gesetz unterliegenden Holzungen unter Zuziehung der Eigenthümer nach der Flächengröße und den Besitzverhältnissen festzustellen und das hierüber anzulegende Verzeichniß bei der Gegenwart zu erhalten.

Die Flächengröße der Holzungen ist, sofern sie nicht aus vorhandenen Forstvermessungen hervorgeht, aus den Grundsteuerbüchern zu entnehmen.

Die zufolge Circularerlaß vom 10. Juli 1874 von den Regierungen der Provinzen Preußen, Brandenburg, Pommern, Posen und Schlesien vorgelegten Nachweisungen entbehren zum Theil der Genauigkeit und sind bei den jetzt anzustellenden Ermittelungen nur mit Vorsicht zu benutzen.

Zu §§ 2, 7. — 2. Der Regierungs-Präsident hat durch forsttechnische Sachverständige untersuchen zu lassen:

a) wie die unter das Gesetz fallenden Waldungen bestanden sind;

b) welcher Art die Bewirthschaftung derselben ist, insbesondere ob diese Bewirthschaftung innerhalb der Grenzen der Nachhaltigkeit sich bewegt und auf der Grundlage genügender Betriebspläne geführt wird, sowie ob die Ausübung der Nebennutzungen innerhalb der Grenzen des Gesetzes stattfindet;

c) welche Personen mit der Betriebsführung und der Wahrnehmung des Forstschutzes beauftragt und ob diese Personen für den Zweck genügend befähigt sind.

Bei der Untersuchung zu c. ist bezüglich der Frage, ob die Benutzung und Bewirthschaftung des betreffenden Waldes sich innerhalb der Grenzen der Nachhaltigkeit bewegt, die Größe des Waldes zu berücksichtigen. Wo dieselbe eine derartige Anordnung und Abnutzungsvertheilung der einzelnen Bestände gestattet, daß eine den Boden- und Bestandsverhältnissen entsprechende Abnutzung alljährlich erfolgen kann, ist ein nachhaltiger Betrieb im Sinne des Gesetzes als vorhanden anzunehmen, wenn die Abnutzung und Wiederkultur in dieser Weise geordnet ist (vergl. § 3, Absatz 1 und 2 in Verbindung mit § 4 c. d. des Gesetzes).

Wo der Wald dagegen einen so geringen Umfang hat, daß eine Abtriebsnutzung nur in Zwischenräumen stattfinden kann (aussetzender Betrieb), ist ein nachhaltiger Betrieb dann als vorhanden anzunehmen, wenn für die Wiederergänzung der in angemessenem Alter abgetriebenen Bestände genügend gesorgt ist (vergl. § 2, Absatz 3 des Gesetzes). In beiden Fällen aber muß eine solche wirthschaftliche Behandlung der einzelnen Bestände stattfinden, daß dem Boden die nach den obwaltenden Verhältnissen mögliche höchste Production abgewonnen, oder wo dies aus dem einen oder anderen zwingenden Grunde zur Zeit unausführbar ist, die Erzielung einer solchen Production in der wirthschaftlich zulässigen kürzesten Frist angebahnt wird. Bei welcher Größe des Waldes der aussetzende Betrieb gerechtfertigt ist, läßt sich allgemein nicht bestimmen. Der Regierungs-Präsident wird dies in jedem einzelnen Falle nach forsttechnischem Gutachten und nach Anhörung des Waldeigenthümers zu prüfen haben.

Bezüglich der Frage, ob durch die Ausübung der Nebennutzungen die Erhaltung der standortsgemäßen Holz- und Betriebsarten gefährdet wird, ist bei den Untersuchungen zu b. als Regel festzuhalten:

a) rücksichtlich der Weide, daß alle Verjüngungs- und Schlagholzbestände und alle Saaten und Pflanzungen so lange mit Vieh nicht betrieben werden dürfen, bis das Holz dem Maule des Viehes entwachsen ist, und daß steile aus losem Gerölle bestehende Hänge und Waldorte, deren Boden zum Flüchtigwerden neigt, nicht behütet werden dürfen;

b) rücksichtlich der Streuentnahme, daß, wofern nicht die Entnahme der Streu (Laub, Nadeln, Heide, Beerkräuter), im Interesse der Waldkultur stattfinden muß, dieselbe in Holzbeständen an steilen Hängen und auf armen, zum Flüchtigwerden neigenden Böden gar nicht, in anderen Holzbeständen nur, wo es deren wirthschaftlicher Zustand gestattet, also in Hochwaldbeständen nicht vor vollendetem Höhenwuchse, in Schlagholzbeständen nicht vor Vollendung des zweiten Drittels des Umtriebsalters, und auch dann nur in angemessenen Zwischenräumen stattfinden und daß bei der Gewinnung kein Boden entnommen werden darf;

c) rücksichtlich der Mast, daß die Verjüngungsschläge mit dieser Nutzung soweit verschont werden müssen, als dies zur Erzielung und Erhaltung einer vollständigen Ansamung erforderlich ist;

d) rücksichtlich der Grasnutzung, daß dieselbe in jungen Ansamungen, Pflanzungen und Schlagholzbeständen nicht mit schneidenden Instrumenten ausgeübt werden darf, es sei denn, daß das Ausschneiden des Grases im Interesse der Waldkultur oder unter Aufsicht geschieht.

Die Ergebnisse der forsttechnischen Untersuchungen sind in die Verzeichnisse (Nr. 1) einzutragen.

Zu § 3. — 3. Wo die forsttechnische Untersuchung (Nr. 2) ergiebt, daß die Grundlage des Wirthschaftsbetriebes den Vorschriften des Gesetzes (§ 3) nicht entsprechen, hat der Regierungs-Präsident die Beschaffung genügender Wirthschaftsgrundlagen anzuordnen.

Hierbei fragt es sich, in welchen Fällen der Waldbesitz als so gering zu erachten ist, daß gemäß § 3, Absatz 3 des Gesetzes von der Aufstellung eines förmlichen Wirthschaftsplanes Abstand genommen werden darf. Eine allgemeine Vorschrift läßt sich in dieser Beziehung nicht geben, vielmehr wird die Frage in jedem einzelnen Falle nach Maßgabe der in Betracht kommenden Bestands- und wirthschaftlichen Verhältnisse zu beantworten sein. In der Regel wird jedoch von der Aufstellung förmlicher Wirthschaftspläne nur bei denjenigen Waldungen abzusehen sein, für welche der aussetzende Betrieb (Nr. 2) sich rechtfertigt, während bei Waldungen, für welche die Festsetzung einer jährlich wiederkehrenden Abnutzung angänglich und angezeigt ist, die Aufstellung eines förmlichen Betriebsplanes im Allgemeinen zu verlangen sein wird.

Die anzustellenden Untersuchungen werden voraussichtlich ergeben, daß für zahlreiche unter das Gesetz fallende Waldungen genügende Wirthschafts-Grundlagen nicht vorhanden sind.

Es wird aber kaum ausführbar sein, das Fehlende überall sofort und gleichzeitig zu beschaffen. Wo dies nicht angeht, ist die Aufstellung der fehlenden Betriebspläne und summarischer Betriebs-Gutachten zunächst für diejenigen Waldungen anzuordnen, in denen die Art der Wirthschaftsführung die geringste Garantie für einen ordnungsmäßigen Betrieb bietet. Hinsichtlich der übrigen Waldungen ist dafür zu sorgen, daß die Betriebs-Grundlagen sobald als thunlichst beschafft werden.

Die Kosten der Aufstellung der Betriebspläne gehören, wie die Materialien des Gesetzes ergeben, nicht zu den nach § 14 auf die Staats-Kasse zu übernehmenden Oberaufsichts-Kosten, sondern bleiben den Waldeigenthümern zur Last.

4. Was die Art und Form der zur Feststellung durch den Regierungs-Präsidenten geeigneten förmlichen Betriebspläne betrifft, so wird die in Staatsforsten übliche und den Sachverständigen geläufige Methode des combinirten Flächen- und Massenfachwerks in der Regel die zweckmäßigste sein.

Bei der Anwendung dieser Methode sind im Allgemeinen die für die Staatsforsten geltenden Vorschriften zur Richtschnur zu nehmen. Doch ist es nicht nöthig, daß die Waldeigenthümer jedesmal den ganzen bei der Staats-Forstverwaltung gebräuchlichen Schematismus zur Anwendung bringen. Vielmehr können je nach der Lage des einzelnen Falles diejenigen Vereinfachungen zugelassen werden, welche mit dem zu erreichenden Zweck verträglich sind. Als Anhalt hierbei ist das Folgende zu beachten.

a) Den zur Aufstellung des Betriebsplanes erforderlichen Vermessungs-Arbeiten sind die vorhandenen Forstkarten, wenn sie für die Zwecke der Betriebsplan-Aufstellung brauchbar sind, sonst die Kataster- oder vorhandenen Separationskarten zu Grunde zu legen.

Aus den Kataster- (Separations-) Karten ist der Umring der Waldungen und das für die Betriebsregelung verwendbare Vermessungs-Detail (Straßen, Flüsse, Eisenbahnlinien ꝛc.) zu copiren. In diese Copien oder in die vorhandenen brauchbaren Forstkarten ist demnächst das für den Betriebsplan erforderliche Bestands-Detail einzumessen. Auf Grund der in dieser Weise ergänzten Karten ist die Flächen-Berechnung zu bewirken. Die vollständige Neu-Vermessung eines Waldes ist, falls der Besitzer sie nicht selbst wünscht, nur dann zu fordern, wenn auf dem vorstehend bezeichneten Wege eine für die Zwecke der Betriebsregelung hinlänglich genaue Karte nicht zu beschaffen ist.

b) Eine angemessene Eintheilung der Waldungen nach dem für die Staatsforsten üblichen Verfahren (Jagen, Districte, Schläge, Bestandsabtheilungen und wenn nöthig auch Blöcke) muß stets gefordert werden. Bezüglich der Ertrags-Berechnung kann dagegen das Verfahren, was die Hochwaldungen anlangt, eine Einschränkung überall dahin erleiden, daß die Nachhaltigkeit nur durch eine angemessene Vertheilung der Bestandsflächen auf die einzelnen Perioden des angenommenen Umtriebes nachgewiesen wird, und eine Material-Aufnahme und Berechnung nur rücksichtlich der in der I. Periode zum Abtriebe bestimmten Bestände sowie rücksichtlich der in dieser Periode zu erwartenden Durchforstungs- und Auszugs-Erträge erfolgt.

c) Ein vollständiger Betriebsplan muß ersehen lassen:

α) den auf Grund der Karte (a) berechneten Flächen-Bestand des Waldes;

β) rücksichtlich der Hochwaldungen die vorkommenden Altersklassen der einzelnen Holzarten nach Größe, Boden und Bestand, deren periodische Vertheilung und die in der I. Periode zur Nutzung gelangenden Material-Erträge; rücksichtlich der Mittel-, Nieder- und geordneten

Plenterwaldungen die einzelnen Schläge nach Größe, Boden und Bestockung, deren Abtriebszeit und Material-Ertrag;

γ) die Art der vorzunehmenden Hauungen und Kulturen in der ersten Hochwaldperiode, beziehungsweise während des angenommenen Umtriebes (Schlagholz);

δ) den Abnutzungssatz und zwar, wenn mehrere Betriebsarten vorkommen, sowohl für jede einzelne derselben getrennt als auch für alle zusammen;

ε) die Ergebnisse der Betriebs-Regelung, dargestellt auf einer Ueberfichts- (Wirthschafts-) Karte.

Zum Anhalte für die formelle Darstellung der einzelnen Theile des Betriebsplanes können die folgenden Schemas A. B. C. dienen, und zwar das Schema A. für den Flächennachweis zu α, die Schemas B. und C. für die Nachweise zu β und γ. Wo in einem Walde nur eine Betriebs-Art vorkommt, können die Schemas B. und C. auch zur Führung des Flächennachweises eingerichtet werden, wie dies im ebenfalls folgenden Schema D. für den Hochwald durch ein Beispiel veranschaulicht ist.

5. Für diejenigen Fälle, in denen gemäß § 3 Absatz 3 des Gesetzes eine kurze Darstellung der Standorts-, Bestands- und Betriebs-Verhältnisse des Waldes, sowie die Angabe über den Zeitpunkt des Abtriebes und die Wiederkultur der einzelnen Bestände desselben genügt, bedarf es keiner besonderen Anweisung über das einzuschlagende Verfahren. Jedoch ist in diesen Fällen von einer Aufmessung der Bestandsflächen nur dann Abstand zu nehmen, wenn aus den Grundsteuerbüchern oder durch gutachtliche Ermittelungen die für das summarische Betriebsgutachten erforderlichen Flächenangaben mit hinlänglicher Genauigkeit sich beschaffen lassen.

6. Nach Absatz 1 im § 9 des Gesetzes sollen die Wünsche und wirthschaftlichen Bedürfnisse der Waldeigenthümer namentlich hinsichtlich der Holz- und Betriebs-Art und der Umtriebs-Zeit berücksichtigt werden, soweit dies mit den Grundsätzen des § 2 vereinbar ist. Im Hinblick auf diese Vorschrift wird, um der Ausführung vergeblicher Arbeiten vorzubeugen, bezüglich des Verfahrens bei Aufstellung der förmlichen Betriebs-Pläne, Folgendes bestimmt:

Bevor zur Aufstellung eines förmlichen Betriebs-Planes (sei es auf Anordnung des Regierungs-Präsidenten, sei es aus eigenem Antrieb des Waldeigenthümers) geschritten wird, sind von dem Letzteren Vorschläge zu erfordern, in welcher Weise die geometrischen Grundlagen für den Plan beschafft (Nr. 4a), welche Betriebs- und Holz-Arten Platz greifen, und in welchem Umtriebe die gewünschten Betriebsarten bewirthschaftet werden sollen.

Soweit als thunlich ist diesen Vorschlägen ein Project der Eintheilung des Waldes (in Wirthschaftsfiguren beziehungsweise Schlägen) beizufügen. Auch hat der Waldeigenthümer den Sachverständigen zu bezeichnen, durch den er den Betriebs-Plan will ausarbeiten lassen.

Der Regierungs-Präsident hat diese Vorschläge durch Sachverständige an Ort und Stelle unter Zuziehung des Waldeigenthümers prüfen zu lassen und auf Grund dieser Prüfung dem Waldeigenthümer die Art und Weise zu bezeichnen, wie bei Anfertigung des Betriebs-Plans, damit die demnächstige Feststellung desselben keinen Anstand findet, zu verfahren ist. Es wird sich empfehlen, hierbei die Arbeiten, welche zur vollständigen Ausführung des Betriebsplanes zu liefern, und die Form, in welcher die Ergebnisse darzustellen sind, möglichst genau anzugeben. Zugleich wird eine Frist für die Vorlegung des Betriebsplanes zu bestimmen sein.

Wo nur ein summarisches Betriebsgutachten aufzustellen ist, wird es der vorgängigen Einforderung von Vorschlägen über Umtrieb 2c. nicht bedürfen. In diesem Falle ist nur die Angabe des Sachverständigen zu verlangen, durch den der Waldeigenthümer das Betriebs-Gutachten ausarbeiten lassen will.

Für die Vorlegung desselben behufs der Feststellung wird auch hier eine Frist zu bestimmen sein.

Wenn der Waldeigenthümer es unterläßt, einen förmlichen Betriebsplan oder ein summarisches Betriebs-Gutachten ausarbeiten zu lassen, hat der Regierungs-Präsident gemäß § 10 des Gesetzes die Ausarbeitung durch einen von ihm zu bestellenden Sachverständigen auf Kosten des Waldeigenthümers anzuordnen. Auch in diesem Falle ist, wenn es sich um einen förmlichen Betriebsplan handelt, vor Beginn der eigentlichen Betriebsregelungs-Arbeiten von dem Sachverständigen ein Gutachten über Holzart, Betriebsart, Umtrieb 2c. abzugeben, welches der Regierungs-Präsident dem Waldeigenthümer zur Erklärung vorlegen läßt.

Abgesehen von dem Falle des § 10 des Gesetzes steht die Wahl der mit der Ausarbeitung der Betriebspläne 2c. zu beauftragenden Sachverständigen dem Waldeigenthümer zu. Zweckmäßig wird es jedoch sein, daß der Regierungs-Präsident dem Waldeigenthümer, falls dieser ihm eine ungeeignete Persönlichkeit bezeichnet, einen besser geeigneten Sachverständigen benennt und dabei auf die Kosten und Weiterungen aufmerksam macht, die den Waldeigenthümer aus der Vorlegung eines zur Feststellung nicht geeigneten Betriebsplanes erwachsen würden.

Die ihm vorgelegten Betriebs-Pläne und summarischen Betriebs-Gutachten hat der Regierungs-Präsident durch Forsttechniker örtlich unter Zuziehung der Waldbesitzer prüfen zu lassen und nach Erledigung der sich ergebenden Anstände festzustellen.

7. Behufs der Controle über die vorschriftsmäßige Ausübung der Nebennutzungen hat der Regierungs-Präsident den Waldeigenthümern die Aufstellung von Nebennutzungsplänen aufzugeben, welche als Zubehör der Betriebspläne oder Betriebs-Gutachten mit diesen vorzulegen sind. In dem Nebennutzungsplane sind für die nächsten 10 Jahre die zulässigen Nebennutzungen und die Bestände, in denen sie ausgeübt werden dürfen, zu verzeichnen und gleichzeitig die Bedingungen anzugeben, unter denen die Ausübung statthaft ist (z. B. ob die Weide nur in ganzer Heerde stattfinden darf, zu welchen Jahreszeiten, an wie viel Tagen und mit welchen Instrumenten die Nebennutzungen auszuüben sind 2c.)

Zu § 4. — 8. Um jederzeit ersehen zu können, ob einer der unter c und d im § 4 des Gesetzes bezeichneten Fälle vorliegt, ist den Waldeigenthümern Seitens des Regierungs-Präsidenten die Führung eines Controlbuches aufzugeben, welches die Summen des Einschlags, getrennt nach Haupt-Nutzung und Vornutzung, für jede Bestands-Abtheilung nachweist. Es ergiebt sich dann durch Zusammenrechnung und Balancirung des Material-Einschlages gegen den Betrag des Abnutzungssatzes für die betreffenden Jahre, ob eine Ueberschreitung des Abnutzungssatzes vorhanden ist.

Ist beispielsweise für einen Wald ein Abnutzungssatz von 2000 fm Derbholz vom Jahre 1866 ab festgesetzt und sind in den Jahren 1866 = 3000 fm Derbholz, 1867 = 4000 fm Derbholz, 1868 = 1000 fm Derbholz ꝛc., 1876 = 5000 fm Derbholz, zusammen in 11 Jahren 23 000 fm Derbholz geschlagen worden, so ist am Ende des Jahres 1876 gegen den 11jährigen Betrag des Abnutzungssatzes ein Ueberhieb von 1000 fm vorhanden.

Im Jahre 1877 würden dann streng genommen nur 1000 fm Derbholz geschlagen werden dürfen und die Genehmigung des Regierungs-Präsidenten einzuholen sein, wenn der Waldeigenthümer dieses 1000 fm betragende Abnutzungs-Soll um mehr als 20% überschreiten, also etwa 1250 fm Derbholz einschlagen wollte.

Ebenso würde diese Genehmigung erforderlich sein, wenn die beabsichtigte Ueberschreitung des Abnutzungs-Solls zwar weniger als 20% betrüge, z. B. in dem vorliegenden Fall nur 200 fm, wenn aber der Mehrbetrag von 200 fm bis zum Ende der laufenden Nutzungsperiode, etwa deshalb, weil dieselbe mit dem betreffenden Jahre zu Ende geht, nicht würde eingespart werden können. Wo Hoch-, Plenter- und Mittelwaldwirthschaft in derselben Waldung besteht, wo demnach der Abnutzungssatz für den Hoch- und den Plenterwald und für das Oberholz im Mittelwalde besonders festgesetzt ist, muß die Balance des wirklichen Einschlages gegen den Abnutzungssatz getrennt bewirkt werden. Eine der Genehmigung bedürfende Ueberschreitung des Abnutzungssatzes wird in diesem Falle aber nur dann anzunehmen sein, wenn der beabsichtigte Einschlag in den vorkommenden Betriebsarten zusammen das aus der Balance für diese Betriebsarten sich ergebende gesammte Abnutzungs-Soll um mehr als 20% übersteigt. Beispielsweise würde, wenn in einer Hoch- und Mittelwald enthaltenden Forst der Abnutzungssatz für den Hochwald auf zusammen 5000, für das Oberholz im Mittelwalde auf zusammen 4000 fm Derbholz vom Jahre 1866 ab festgesetzt worden wäre, die Balance sich folgendermaßen gestalten.

Im Hochwalde hat seit Festsetzung des Abnutzungssatzes die wirkliche Abnutzung betragen: im Jahre 1866 4000 fm Derbholz, im Jahre 1867 5000 fm Derbholz, im Jahre 1868 3000 fm Derbholz, im Jahre 1869 6000 fm Derbholz, im Jahre ꝛc., im Jahre 1876 4000 fm Derbholz, zusammen in 11 Jahren 56 000 fm Derbholz.

Da der Abnutzungssatz für diese 11 Jahre nur 55 000 fm Derbholz beträgt, so ist am Ende des Jahres 1876 ein Vorgriff von 1000 fm Derbholz vorhanden; es können deshalb im Jahre 1877 nur 5000—1000 = 4000 fm Derbholz im Hochwald geschlagen werden.

Im Oberholze des Mittelwaldes hat seit Festsetzung des Abnutzungs-Satzes die wirkliche Abnutzung betragen: im Jahre 1866 3000 fm Derbholz, im Jahre 1867

8000 fm Derbholz, ꝛc., im Jahre 1876 5000 fm Derbholz, in 11 Jahren 45 000 fm Derbholz.

Für diese 11 Jahre beträgt der Abnutzungssatz nur 44 000 fm Derbholz, am Ende des Jahres 1876 ist mithin ein Vorgriff von 1000 fm Derbholz vorhanden, es können deshalb im Jahre 1877 nur 4000—1000 = 3000 fm Derbholz im Oberholze eingeschlagen werden.

Für den Hochwald und das Oberholz des Mittelwaldes zusammen ergiebt sich gegen die betreffenden Abnutzungssätze ein Vorgriff von 2000 fm Derbholz, in beiden Betriebs-Arten können daher im Jahre 1877 im Ganzen nur 9000 — 2000 = 7000 fm geschlagen werden.

Wenn nun der Waldbesitzer im Hochwalde 4000 und im Mittelwalde 4000 fm, im Ganzen 8000 fm einschlagen wollte, so müßte er hierzu die Genehmigung des Regierungs-Präsidenten einholen, weil diese 8000 fm das gesammte Abnutzungs-Soll um 1000 fm, also um mehr als 20%, übersteigen.

In Waldungen mit aussetzendem Betriebe, ebenso in Waldungen, wo, wie in reinen Schlagholzwaldungen die Nachhaltigkeit lediglich auf der Abgrenzung der jährlich abzunutzenden Schlagflächen beruht, kommen die Bestimmungen unter c. und d. im § 4 des Gesetzes nicht zur Anwendung. Hier ist die Genehmigung des Regierungs-Präsidenten nur erforderlich, wenn die Holz-Abnutzung entweder einen zum Abtrieb in der laufenden Nutzungsperiode nach dem Betriebsgutachten nicht bestimmten Hochwald-Bestand oder im Mittel- und Niederwald einen Schlagholzbestand betrifft, der nach der bestehenden Schlageintheilung in den nächsten 5 Jahren nicht zur Abnutzung gelangen sollte.

Die näheren Anordnungen über die Einrichtung der Controlbücher bleiben nach Maßgabe der örtlichen Verschiedenheiten den Regierungs-Präsidenten überlassen. Dieselben haben sich alljährlich zu einer von ihnen zu bestimmenden Zeit eine Abschrift der Controlbücher einreichen zu lassen.

Die bestehenden Vorschriften über die Veräußerung von Gemeinden- und Anstaltsgrundstücken und über die dazu erforderliche Genehmigung sind auch in Ansehung der Waldgrundstücke durch das vorliegende Gesetz unberührt geblieben.

Zu den §§ 4, 5. — 9. Die Bestimmungen des Gesetzes über Abweichungen von den festgestellten Betriebsplänen und über Revision der Betriebspläne finden, wie aus den Materialien des Gesetzes hervorgeht, nicht nur auf die förmlichen Betriebspläne (§ 3 Absatz 1), sondern auch auf die summarischen Betriebsgutachten (§ 3 Absatz 3) Anwendung.

Zu § 6. — 10. Die im § 6 des Gesetzes vorgesehene örtliche Untersuchung ist in jeder dem Gesetz unterliegenden Holzung mindestens alle drei Jahre vorzunehmen.

11. Wo der Regierungs-Präsident es für erforderlich erachtet, die Vorlage jährlicher Fällungs-, Kultur- und Nebennutzungspläne anzuordnen, ist den Waldeigenthümern die Vorlegung dieser Pläne spätestens bis zum 15. August jeden Jahres aufzugeben.

Die Feststellung und Rückgabe der Pläne hat spätestens bis zum 1. October jeden Jahres zu erfolgen.

Zu § 7. — 12. Die Art und Weise der Fürsorge für den Schutz und die Bewirthschaftung der Waldungen durch genügend befähigte Personen überläßt das Gesetz zunächst den Waldeigenthümern. Indem es von bestimmten Vorschriften über die Zahl und die Qualification des zu beschaffenden Personals absieht, hat es den mannigfachen Verschiedenheiten, die sich aus der Größe und Lage der Holzungen, aus den Bestands- und Betriebsverhältnissen, aus der Gelegenheit zur Mitbenutzung fremden Personals ꝛc. ergeben, Rechnung tragen und die freie Bewegung der Waldeigenthümer nicht mehr als nöthig beschränken wollen.

Dies gilt jedoch nur, wenn und so lange die von dem Waldeigenthümer getroffene Fürsorge eine für den Schutz und die Bewirthschaftung des Waldes ausreichende ist. Darauf, ob dies der Fall ist, hat der Regierungs-Präsident sein besonderes Augenmerk zu richten, wofür die örtlichen Untersuchungen (Nr. 2, 10. dieser Instruction) die Unterlagen bieten werden. Fehlt eine ausreichende Fürsorge, so ist auf die Erfüllung der gesetzlichen Verpflichtung mit Nachdruck zu halten. Das Mittel hierzu gewährt der § 10 des Gesetzes, welcher den Regierungs-Präsidenten ermächtigt, so lange der Waldeigenthümer der Verpflichtung des § 7 in ausreichender Weise nachzukommen unterläßt, auf Kosten desselben den Schutz und die Bewirthschaftung des Waldes durch geeignete Personen zur Ausführung zu bringen. (Vergleiche die Motive des Gesetzes in Nr. 19 der Drucksachen des Herrenhauses von 1876.)

Zu § 8. — 13. In Verbindung mit den unter Nr. 1, 2 dieser Instruction angeordneten Feststellungen und Untersuchungen ist zu ermitteln, in welchen Fällen die Voraussetzungen für das Verfahren zur Aufforstung unkultivirter Gemeindegrundstücke vorliegen. Die ermittelten Fälle sind in die anzulegenden Verzeichnisse (Nr. 1) zu vermerken und behufs der Beschlußfassung zur Kenntniß des Bezirksrathes zu bringen.

Zu § 12. — 14. Der Regierungs-Präsident hat sich zur Prüfung der jährlichen und periodischen Betriebspläne ꝛc., sowie zur Ausführung der örtlichen Walduntersuchungen, der Regierungsforstbeamten zu bedienen. Wenn nach dem Gutachten des Oberforstmeisters die Kräfte dieser Beamten zu den erforderlichen Bereisungen nicht ausreichen, so kann der Regierungs-Präsident hierzu auch die ihm von dem Oberforstmeister bezeichneten Königlichen Oberförster des Bezirks aushülfsweise verwenden.

Zu den örtlichen Walduntersuchungen haben die betreffenden Beamten die Waldeigenthümer und deren Forstbeamten stets zuzuziehen.

Soweit als thunlich hat der Regierungs-Präsident den Regierungsforstbeamten die in dem sonstigen Dienstbezirke derselben gelegenen Gemeinde- ꝛc. Waldungen zuzuweisen und die Reihenfolge zu bestimmen, in der die Waldungen periodisch zu besichtigen sind, damit diese Beamten auch gelegentlich ihrer sonstigen Dienstreisen die Interessen der Oberaufsicht über die dem Gesetz unterliegenden Waldungen wahrnehmen können.

Für die zur Wahrnehmung der staatlichen Oberaufsicht nach Anweisung des Präsidenten auszuführenden Reisen sind dem betreffenden Beamten die Gebühren aus der Staatskasse nach den dieserhalb zu erlassenden besonderen Bestimmungen zu gewähren.

Zu § 14. — 15. Die der Staatskasse zur Last fallenden Kosten begreifen im Wesentlichen die Tagegelder und Reisekosten für die zur Wahrnehmung der Oberaufsicht auf Anweisung des Regierungs-Präsidenten ausgeführten Reisen von Forstbeamten.

16. Abschriften der nach Nr. 1, 2, 13 dieser Instruction anzufertigenden Verzeichnisse sind bis zum 1. November 1877 dem Minister für die landwirthschaftlichen Angelegenheiten einzureichen. Wegen Einreichung von Anzeigen über die in der Folge eintretenden Veränderungen bleibt weitere Anordnung vorbehalten.

Berlin, den 21. Juni 1877.

Der Finanz-Minister.
Camphausen.

Der Minister des Innern.
Graf zu Eulenburg.

Der Minister für die landwirthschaftlichen Angelegenheiten.
Friedenthal.

A.

Nachweisung

des Flächenbestandes der Waldungen der Gemeinde (Stadt ꝛc.) berechnet für den Zeitpunkt am 18.. auf Grund im Maaßstabe von gefertigten Spezialkarte.

Bezeichnung des Jagens oder des Districts	Schlag	Abtheilung	Zur Holzzucht bestimmter Boden	Zur Holzzucht nicht bestimmter Boden, und zwar: Gebäudeflächen	Ackerland	Wiesen	Sonstiger nutzbarer Boden (Torfbrücher) ꝛc.	Unbenutzbarer Boden (Wege, Gestelle, Triften, Wasserläufe ꝛc.)	Summa des Nichtholzbodens	Flächeninhalt des ganzen Jagens oder Districts
Nr.	Nr.	Lit.	ha	ha	ha	ha	ha	ha	ha	ha

B. **Speciell**

Ertrags-Berechnung und Betriebsplan fü

Die I. Periode umfaßt die Wirthschaftsjahr

Bezeichnung der Fläche			Flächeninhalt nach Altersklassen							Des Bestandes				Des Bodens		Gegenwärtig gefundene haubare Derbholzmasse und Zuwachs			
Block-Nr.	Jagen-District Nr.	Abtheilung Lit.	I. Klasse von über 100 Jahre	II. Klasse von 81 bis 100 Jahre	III. Klasse von 61 bis 80 Jahre	IV. Klasse von 41 bis 60 Jahre	V. Klasse von 21 bis 40 Jahre	VI. Klasse von 1 bis 20 Jahre	Zur Holzzucht bestimmte Blößen und Räumden	Dominirende Holzart	Beschreibung	Durchschnittsalter	Vollertragsfactor in Zehnteln	Beschreibung	Klasse	Holzart	Holzmasse	Zuwachs	Abtriebs-Periode
			ha	ha	ha	ha	ha	ha	ha			Jahr					fm	%	

C. **Speciell**

Ertrags-Berechnung und Betriebsplan für di

Aufgestellt für den Zeitpunkt von

Block-Nr.	Jagen- oder District-Nr.	Schlag-Nr.	Abtheilung Lit.	Flächeninhalt	Bodenklasse	Beschreibung des Holzbestandes	Bei Auszählung des Oberholzes ist vorgefunden worden:														Der gefundene zeitige Zuwachs beträgt		Der Schlag wird gehauen im Jahre
							Eichen						Buchen, Ahorn, Erlen, Ulmen 2c.					Weichholz, Nadelholz			Im Ganzen auf der Abtheilung			
							I. Altersklasse	II. Altersklasse	III. Altersklasse	IV. Altersklasse	V. Altersklasse	im Ganzen	I. Altersklasse	II. Altersklasse	III. Altersklasse	IV. Altersklasse	im Ganzen	I. Altersklasse	II. Altersklasse	im Ganzen			auf 1 Jahr Derbholz	
				ha			fm	fm	fm	fm	fm	fm	fm	fm	fm	fm	fm	fm	fm	fm	fm	%	fm	

Beschreibung.

die Hochwaldungen der Gemeinde (Stadt 2c.).

vom 1. October 18.. bis dahin 18..

Abtriebs-Alter	Material-Abnutzung in der I. Periode					Flächen-Abnutzung. Im ersten Umtriebe werden abgetrieben in der								Kulturbedürftige Fläche in der I. Periode	Bemerkungen über Hauungen und Kulturen.
	Holzart	Hauptnutzung		Vornutzung		I.	II.	III.	IV.	V.	VI.	Gar nicht	mehrmals		
		pro ha	im Ganzen	pro ha	im Ganzen	Periode									
Jahre	fm					ha								ha	

Beschreibung.

Mittel- und Niederwaldungen der Gemeinde (Stadt 2c.).

1. October 18.. bis dahin 18..

Bis zum Hiebe berechnet sich der Zuwachs		Der Oberholz-Vorrath zur Zeit des Hiebes wird demnach betragen				Davon sollen genutzt werden				Davon sollen übergehalten werden				Schlagholz								Kulturbedürfnisse	Bemerkungen über die Hauungen und Kulturen sowie über die Betriebsbestimmungen überhaupt.
														Gegenwärtiges Alter	Alter beim Abtrieb	Ertrag							
																Borke		Knüppel		Reiser			
für Jahre	überhaupt an Derbholz	Eiche	Buche 2c.	Weichholz 2c.	im Ganzen	Eiche	Buche 2c.	Weichholz 2c.	im Ganzen	Eiche	Buche 2c.	Weichholz 2c.	im Ganzen			pro ha	vom ganzen Schlage	pro ha	vom ganzen Schlage	pro ha	vom ganzen Schlage		
	fm	fm				fm				fm				Jahre		fm						ha	

D. **Flächen-Nachweisung** und specielle Beschreibung, Ertrags-Berechnung

Die I. Periode umfaßt

Block	Jagen oder Districte	Abtheilung	Flächeninhalt und zwar: Holzboden ha		Nichtholzboden (Wegegestelle 2c.) ha		Flächeninhalt des Holzbodens nach Altersklassen, Klasse von … Jahre, ha: I. über 100	II. 81 bis 100	III. 61 bis 80	IV. 41 bis 60	V. 21 bis 40	VI. 1 bis 20	Blöß. u. Räumd.	Des Bestandes: Dominirende Holzart	Beschreibung	Durchschnittsalter	Vollholzigkeitsfactor in Zehnteln	Des Bodens: Beschreibung	
	1.	a.	15	2	0	2			15,2					Buchen	Von 60 bis 70 Jahre (65) geschlossen, gutwüchsig, durchforstbar	65	1,0	Sandiger Lehm, frischer Humus	II. für B.
		6.	2	6	0	1					2,6			Fichten	30jährig geschlossen, gutwüchsig, durchforstbar	30	1,0	desgl.	I. für F.
					0	5									Ackerland des Försters				
			17	8	0	8													
			18,6																
	2.		15	6	0	2	15,6							Buchen	100 bis 150 Jahre (120) in Samenschlagstellung mit nicht ganz voller 1 jähr. Besamung	120		desgl.	II. für B.
			15,8																
								u.	s.	w.									
Summa			520	9	6	3		2,7						2,7	Eichen				
			527,2																
							115,6	91	115	121		73		516,6	Buchen				
											2,6			2,6	Nadelholz				
														520,9					

und Betriebsplan für die Hochwaldungen der Gemeinde (Stadt ꝛc.).
die Wirthschaftsjahre 18.. bis 18..

Gegenwärtig gefundene Derbholzmasse und Zuwachs: Holzart	Derbholzmasse fm	Zuwachs %	Abtriebsperiode	Abtriebsalter Jhr.	Material-Derbholz-Abnutzung in der I. Periode: Holzart	Hauptnutzung pro ha fm	Hauptnutzung im Ganzen fm	Vornutzung pro ha fm	Vornutzung im Ganzen fm	Flächen-Abnutzung. Im ersten Umtrieb wurden abgetrieben in der I. Periode ha	II.	III.	IV.	V.	VI.	gar nicht	mehrmals	Kulturbedürft. Fläche in der I. Periode ha	Bemerkungen über Hauungen und Kulturen
			II.	95	Buchen			9	136		15,2								Durchforstung
			II.	60	Fichten			10	26		2,6								desgl.
Buche	3100	1	I.	130	Buchen		3410			15,6									Lichtung und Räumung je nach dem Fortgang der Verjüngung
																		5,0	Bodenverwundung auf den unbesamten Stellen bei eintretender Mast
																		2,0	Schlagausbesserung durch gruppenweisen Einbau von Eichen
					Eichen				30			2,7						20,0	Bodenverwundung bei Mastjahren
					Buchen		22000		2200	75,6	101,0	110,0	100	99				30,0	Gruppenweis. Anbau von Eichen in Buchenverjüngungsschlägen
					Nadelholz				26		2,6							3,0	Anbau von Fichten
					Sa.:		22000		2256	95,6	103,6	112,7	100	99					
							24256			520,9									

GPSR Compliance

The European Union's (EU) General Product Safety Regulation (GPSR) is a set of rules that requires consumer products to be safe and our obligations to ensure this.

If you have any concerns about our products, you can contact us on ProductSafety@springernature.com

In case Publisher is established outside the EU, the EU authorized representative is:

Springer Nature Customer Service Center GmbH
Europaplatz 3
69115 Heidelberg, Germany

Batch number: 10844623

Printed by Printforce, the Netherlands